U0448097

好运

喻颖正 著

中信出版集团 | 北京

图书在版编目（CIP）数据

好运 / 喻颖正著 . -- 北京：中信出版社，2024.2
ISBN 978-7-5217-6290-7

Ⅰ.①好… Ⅱ.①喻… Ⅲ.①成功心理－通俗读物
Ⅳ.① B848.4-49

中国国家版本馆 CIP 数据核字（2023）第 255709 号

好运

著者：　　喻颖正
出版发行：中信出版集团股份有限公司
　　　　　（北京市朝阳区东三环北路 27 号嘉铭中心　邮编　100020）
承印者：　嘉业印刷（天津）有限公司

开本：880mm×1230mm　1/32　印张：11.25　字数：260 千字
版次：2024 年 2 月第 1 版　印次：2024 年 2 月第 1 次印刷
书号：ISBN 978-7-5217-6290-7
定价：69.00 元

版权所有·侵权必究
如有印刷、装订问题，本公司负责调换。
服务热线：400-600-8099
投稿邮箱：author@citicpub.com

献给你，
为我带来好运的人，
祝你好运！

目 录

前 言　　设计你的好运人生 /VII

序 幕　　时间：岁月幻觉

命运路径 /003
自由意志 /009
人生因果 /016
重构故事 /021
时间幻觉 /029
为希望而活 /037

○ 总法则
　你中了宇宙彩票的头奖 /041

第 1 幕　因果：悬搁宁静

难以计算的计算　/047
用概率建立直觉　/054
逍遥的赚钱之道　/060
悬搁判断的宁静　/066

○ 法则一
好运，是薛定谔的波函数　/073

第 2 幕　空间：无以叠加

未来可能性的叠加　/081
以概率为主角的狂欢　/086
人生需要"串联＋并联"　/094
好运是延绵的"流"　/100

○ 法则二
大运气是"积分"，小运气是"微分"　/107

第3幕 偶然：捕捉机遇

运气的"反事实原理" /113

决定一生的是偶然，还是必然？ /118

天才的好运哲学 /122

○ 法则三
　天才的好运，在于"击中别人看不见的靶子" /135

第4幕 命运：何必惊慌

人生无常，命运如常 /141

何事惊慌，不必惊慌 /147

○ 法则四
　理解幸运女神的算法 /151

第5幕 幸福：别去比较

人天生爱比较 /157
虚幻的对比 /165
成功的比较系统 /169

○ **法则五**
你是自己命运的设计师 /179

第6幕 人生：生而被缚

人生的束缚 /185
摆脱的对策 /214

○ **法则六**
好运是"承受生命之重"的起舞 /239

第 7 幕 希望：永不沉没

随机支配的世界 /245
独立事件和独立思考 /252
设计你的决策系统 /260
活下来，并活得久 /264

○ **法则七**
  留在牌桌上，好运自然来 /269

结 局 接受现实　扭曲现实 /273

后 记 人生，我必须在场 /285

好运清单 /303

1 幸福生活的好运清单 /304
2 赚钱的好运清单 /308
3 爱情的好运清单 /312
4 职场发展的好运清单 /316
5 创业者的好运清单 /319
6 社交和沟通的好运清单 /323
7 逆境中的好运清单 /327

前 言

设计你的好运人生

恭喜你打开《好运》!

请问:这个世上真有天生好运的人吗?

抛开出身不谈,有些人似乎总在走好运,什么好事儿都能碰到,仿佛他们拥有某种神秘的"好运体质"。

我在本书中,揭示了"好运之徒"最大的成功秘密:他们遵守了运气的物理定律和社会定律。

"如果世界上所有的金钱与财富在下午3点被平均分配,到3点半的时候,接受者的财务状况就会有显著差别。在最初的30分钟内,有些成年人就已经失去了他们的份额。有些人赌输了,有些人被骗了……90天以后,贫富差距将会大到令人吃惊。而且,我敢打赌,在一两年之内,财富分布将回归到之前的普遍模式。"

石油大亨保罗·盖蒂在《财富的尽头》一书里,说过上面这段令人不安的话。如果说先天的"命"无法选择，难道后天的"运"也命中注定吗？

你我都会为自己和家人祈福好运，哪怕是最不信命的人。

如今，人们对运气的态度，正在发生巨大转变。有年夏天我在上海连续参加三个饭局，分别与商学院校友圈、金融艺术圈，以及一个做生意的聪明朋友吃饭，话题全是"运势"和"八字"。坦率而言，我大为震撼。据说，还有不少高认知人才，以"测八字"作为事业的第二曲线，收益丰厚。

越来越多优秀的人关注算命，也许只是对未知表示敬畏，并寻求心理慰藉，最好还能重新思考自己以前的人生成果，有多少是因为时代机遇，又有多少是靠本事。当中国经历了数十年史诗般的经济腾飞，开始回归常规速度，每个人都要再次出发，寻找自己的下一个人生好运。

此刻，你需要一张"好运地图"。

好运的谎言和真相

然而，关于好运，我们的理解可能错了两千年。以下，是关于运气五个常见的谎言。

谎言一：我们可以不靠运气致富。

真相并非如此。瑞士银行分析了1300位亿万富翁，发现大多数人的财富是在过去20年获得的。例如，美国的亿万富翁主要靠的是科技金融。

真相：行业和时代的运气，是个人致富的基石。

谎言二：我们可以靠运气发大财。

美国有一位叫安德鲁·杰克逊·惠特克的人，用2美元中了价值21.35亿人民币的彩票大奖。不承想，八年后他就将奖金挥霍一空，并妻离子散。他后来说："当初撕掉彩票就好了。"

真相：统计表明，横财不久远，甚至可能毁掉走大运的人。

谎言三：命运像齿轮一样转动。

这似乎已经成为一种流行叙事："命运的齿轮开始转动……"然而，人生不是轨道，而是旷野。命运并不是如钟表般，大小齿轮环环相扣。爱因斯坦说："上帝不会掷色子。"可是，他错了，命运可能也如掷色子。

真相：命运更像是原子核外迷雾一般的电子云，只能用概率来描述，而不能用因果去定义。

谎言四：少数人天生好运，大多数人不是。

的确，每个人拿到了不同的"出生彩票"，即所谓"条条大路通罗马，但有些人就出生在罗马"。然而，人们高估了彼此之间在好运上的差异。作家吉拉德·斯坦利·李早在一百多年前就发现了一个秘密："如今一个人在商业上的成功，取决于他让人们相信他有人们想要的东西的能力。"

真相：有些"成功人士"会假装自己有"好运"体质，这样别人就会把自己的"运气"打折甩卖给他，甚至白送给他，于是成功者就更成功了。

谎言五：好运是对"确定性"的奖励。

的确，一个成功者需要稳定的内核，需要有"确定性"的专业和努力。然而，假如他不能主动拥抱"不确定性"，不能承担或多或少的风险，就无法获得超额回报。

真相：好运是对"不确定性"的奖励。

本书将从人们最在乎的运气出发，探索如下现实挑战的答案：

1. 普通人如何招来好运？
2. 怎样实现长久的好运？
3. 在逆境下如何"转运"？
4. 如何成为一个好运制造者？
5. 如何过上好运的一生？

本书揭示了成长、赚钱和创业的"第一性原理"，你大概率会在"成功励志"类图书中找到本书。我会竭力展现那些抓住好运的人生秘诀，并邀请你一起重塑我们的"好运系统"。这类话题虽是老生常谈,却又必不可少。

但本书有更大的野心——我想和你一起,从更深层次来理解好运的迷人之处。好运是关于生活的艺术,也和科学密不可分。本书从数学、物理、哲学、社会四个维度,直指运气的本质:随机性。而随机性,才是这个真实世界的底层逻辑和最大谜团。只有理解了好运的配方,我们才可能设计自己的人生好运。

好运的研究者和被研究对象

我是一个有50年经验的"好运专家",既是研究者,也是被研究的对象。

- 年少时,妈妈曾为我"算命",街头大师说:生他之地不养他,养他之地不留他。20世纪70年代,我出生于武汉郊县,80年代在襄阳长大,90年代去北京读书,然后去广州谋生。21世纪初,我赶上地产大潮,享受了一点儿时代红利,并在30多岁时过上了"提前退休"的生活。
- 在过去15年里,我的乐趣是研究自然世界和人类社会的不确定性。兴趣和专注似乎是好运的引路人,我再次被幸运女神眷顾,自娱自乐的公众号"孤独大脑"拥有了近百万高水准的订阅者。我在得到 App 和混沌学园推出的课程颇受欢迎。《人生算法》成为销量近 20 万册的畅销书。
- 如今我已 50 岁。我放弃了在温哥华躺平,也没有选择那条看起来既正确又舒服的"导师路线",而是下场做了一家教育科技公司,致力于让每个中国孩子都能共享优质教育资源。我相信教育是传递好运的最佳途径。这是一个艰难的决定,我和所有的创业者与打工人一样,过去数年经历了种种煎熬和磨砺。

所以,对于好运的研究,我既有置身事外的超然,也有躬身入局的痛苦。好运和生命的脆弱性,是生存硬币的两面,如果没有脆弱性,好运便没有意义。西湖边上的一块石头,并不会觉得自己比戈壁上的石头更加幸运。

如柏格森所言,一位哲学家或许仅能发展出一种观念主张。长久以来,我一直试图在自己的混乱中找寻天赋,后来发现天赋就是混乱本身。我在朋友圈以擅长解答难题著称,又常常解决不了一些小问题。假如生存就是一种好运,我作为好运本身的意义和使命又是什么?

这类问题从个人哲学层面来看,很容易得出"人生并无意义"的结论。我对此的态度,介于虚无的成人与喜悦的孩童,并经常在无聊和好奇之间切换。自打在 10 岁前意识到这一点,我便开始对"不确定的万物究竟如何构成如此确定的现实"展开了持久的求解。没有老师，没有正解，这道题是一个无限游戏。

概率权，作为我的一个原创概念，贯穿《人生算法》和《好运》这两本书。人生真的就是一场概率游戏吗？在某种意义上来说，的确如此。宇宙那么大，迄今只发现在小小的地球上有生命；人类进化那么久，我们偏偏在这短短几十年间相逢；世界上有那么多书，你却打开了这本还不错的《好运》。

很巧，《好运》一书里有我最好的文字，以及我所钟爱的人类最美好的智慧，愿它能给你带来好运。

绘制一幅广阔的"好运地图"

现在，让我们回到核心议题："好运之徒"的最大秘密，是他们遵循了运气的物理定律和社会定律。

"我见过很多违犯法律的人，但还没有见过违背物理定律的人。"特斯拉 CEO 埃隆·马斯克的这句话针对的是技术问题。例如，你不能违背能量守恒定律，你也可以不顾别人的怀疑而从金属元素出发去计算锂电池的成本。这一思考问题的方式，可以总结为"把一些事情归结为最基本的原则"。

OpenAI 公司 CEO 萨姆·奥尔特曼说过一句类似的话："不

要与商业版的物理定律做斗争。"他说的是,你应该遵循商业领域那些最基本的原则,例如,不作恶,物美价廉,让用户满意,做"基数大、高频、刚需"的产品和服务,去鱼多的地方钓鱼,如此种种。

我们还可以延展到概率法则和道德法则等。如《道德经》开篇:"道,可道,非常道;名,可名,非常名。"这里的"道",是万事万物发展的规律、原理和定律;"名"是"道"的形态,是变化万千的天地万物。

好运是运气的长期呈现。短期来看,运气充满偶然性;长期来看,符合各种定律的做法才会有好结果。做对的事情,把事情做对,好运自然会来。时间越长运气比重越小,而自身的结构化运气,作为真正的"好运体质",其作用会越来越大。

短期来看,运气像狩猎;长期来看,好运是耕耘花园,是种植一片森林。

这就是为什么本书会从数学、物理、社会和哲学四个维度,来探究好运的深层机制。而一个人生活在现实世界,往往要穿行于不同维度的"定律"。例如,埃隆·马斯克既能从物理学的第一性原理出发去实现技术突破,也能运用互联网时代的传播定律将自己塑造成改变世界的好运英雄。二者的结合令他实现好运的概率大幅提升。

道家和斯多葛主义的哲学,同样是关于"命运"的实用指南。接受那些无法改变的（包括物理定律和已经发生的事实），改变那些你能够突破的。万物皆有时，古希腊人将对的时机称为"卡伊洛斯"。当机遇来临时，我们应该全情投入。

该如何识别好运的时机呢？最简单的做法是，将并不漫长的此生全部视为"卡伊洛斯"，过去如向后拉开的弦，未来是向前张开的弓，此刻是待发的箭。而生命则并非弓、弦、箭的简单组合，而是在不确定性边缘的颤动，每时每刻都值得我们去专注，去感知。

所以，本书由"时间、因果、空间、偶然、命运、幸福、人生、希望"这八幕构成，外加八个好运法则：

总法则：你中了宇宙彩票的头奖；

法则一：好运，是薛定谔的波函数；

法则二：大运气是"积分"，小运气是"微分"；

法则三：天才的好运，在于"击中别人看不见的靶子"；

法则四：理解幸运女神的算法；

法则五：你是自己命运的设计师；

法则六：好运是"承受生命之重"的起舞；

法则七：留在牌桌上，好运自然来。

好运的"大道"和"小径"

一个人成为穷人或者富人,到底是天注定还是靠打拼?天赋与才能,对赚钱有多大作用?美国布鲁金斯学会的两位专家用计算机模拟开发了一个人工社会财富积累的模型——"糖域"。模拟的结果和现实社会一样残酷。

真实而又符合逻辑的"财富"原因究竟是什么呢?答案是:天赋异禀+出身位置+随机的运气。"出身位置"可以是"出生的国家、出生的家庭、出生的年代",也可以广义化为你从事的行业或你嫁的人。

晨星公司的帕特·多尔西认为,赌马比赌骑师更重要。他说:投资人的任务是把焦点放在马匹上而非骑师身上。因为护城河最重要的特质是它们可能持续多年的企业结构性特质,这不是竞争对手可以轻易模仿的。

公司怎么打手上的牌,并没有一开始拿到的牌来得重要。最棒的扑克牌高手拿到一对牌,他也没什么机会赢下拿同花顺的业余玩家。有时候精明的策略虽然可以在经营困难的产业中创造竞争优势(如戴尔或美国西南航空),但市场上有个残酷的事实:有些企业在结构上就是比其他企业好。制药厂或银行即使管理不当,其长期资本回报率也比最好的炼油厂或汽车零件公司高。

好运的人,既会遵循定律,估算基础概率(作为条件概率),

也会创造条件概率。

当年欧洲赌场曾经出现过一个赌神,连赢不止。后来人们发现,这是因为轮盘上出现了一个裂缝,即物理意义上的缺陷导致某些数字出现的频率较高。这算是另外一个维度的"套利"。

3G 资本的雷曼在哈佛大学读书时,决定用三年的时间念完四年的大学课程。他了解到以前的所有试题在图书馆都有存档,于是他找到了捷径。没多久,雷曼就注意到,每年的考试题只有少许改动,所以他要做的就是掌握以前考到的知识点即可。最终他在 20 岁就完成了学业。这就是发现了"裂缝"的套利模式:适当打破规则地"黑"进去,直接改变条件概率。

作为生存在这个世界上的普通人,我们也需要在不同场景下,灵活运用好运策略。本书为你整理了 7 个"好运清单":

1. 幸福生活的好运清单;
2. 赚钱的好运清单;
3. 爱情的好运清单;
4. 职场发展的好运清单;
5. 创业者的好运清单;
6. 社交和沟通的好运清单;
7. 逆境中的好运清单。

好运的"多巴胺"和"内啡肽"

人和人之间的好运并不一致,先天的差别如"基因彩票"。

再如因为毕业学校、圈层等对好运的影响,运气的游戏经常是不公平的。

即使如此,因为这个世界的底层逻辑(从物理学到社会学皆如此)是"随机"的,所以相当多的运气仍然是由随机性驱动的。看起来,造物主似乎在通过随机性,让人世变得尽量公平一些。

但是,到最后,好运之间的分布差异,依然相当不均匀。为什么呢?因为:

1. 好运的人更加警觉、更加开放一些;
2. 好运的人捕获运气的专业水平更高;
3. 好运的人擅长顺藤摸瓜,让自己迎接一个个好运;
4. 好运的人知道运气需要哺育和灌溉,如同系统一般需要构建和经营,更需要持续做功。

哈佛大学的一项调查研究发现了一个反差极大的现象:

越是富人和精英阶层,越喜欢采用补充型的娱乐方式,比如健身、跑步、阅读;

越是"穷人"和"底层阶级",越喜欢采用消耗型的娱乐方式,比如打牌、打游戏、追剧。

前者是"内啡肽"机制,后者是"多巴胺"机制。"多巴胺"和"内啡肽"都负责带来愉悦感,但作用机制完全不同:多巴胺是一种奖励机制,在于即时满足,例如,美食和网购;内啡肽则是一种补偿机制,在于延迟满足,是长期努力之后获得的愉悦。

好运是一个系统,有输入和输出。运气就像是现金流,我们要努力令其为正。现金流是企业的生命线,运气流则是个人的生命线。斯坦福大学教授蒂娜·齐莉格分享了一个非常棒的策略:每天晚上她都会回想当天帮助过她的人,然后给他们发一封感谢信。只要花几分钟时间,就可以大幅提升好运。

"好运之风"和"好运帆船"

好运是一种幸福的原料,只有遇到好运的人,才会发生反应,产生作用。蒂娜·齐莉格说:"运气很少是孤立而戏剧性的雷击,而是不断吹的风。"所以,如果我们想要持续的好运,就必须打造自己的帆船。

帆船逆风也能前行,这是因为它利用了风的力量和特定的物理原理。这一过程主要涉及两个关键因素：帆的形状和角度，船体的阻力。所以，好运并不需要总是一帆风顺，也能够让一个不断适应环境的人，如帆船般驶向目标。

好运的另外一个秘密是，你只能自己感受到它。叔本华说过一段有趣的话："无论他经历何种事情，他首要感受到的是他自己。这一点适用于人们从物质事物中获取的乐趣，而享受精神上的乐趣则更是如此。"

他举了一个例子。人们会说"He enjoys himself in Paris"（他在巴黎享受自己），而不会说"他享受巴黎"。这是个很有趣的洞见，由此可以类推，所有的外在之物，不过是你 enjoy yourself（享受自己）的背景而已。好运同样如此。

好运如风，你我的自我意识是帆船。只有拥有"自我意识"的个体，才能捕捉好运，感知好运。

在整体人类的巨大运气面前，太阳、地球、月球、大气层、四季、水分，这些要素可能占到我们得以存在的基础概率的 99.99999%，甚至更大。然而，我们却忽视这些最大、最基础的好运，为那些微不足道的连 0.00001% 的重要性都不到的事情去计较，去苦恼。

《理想国》中有一句话："我们总是东张西望，唯独遗落了很重要的东西，这就是为什么我们至今难以如愿以偿。"如果我们能以更大的尺度来思考这个世界，如果人类以更长的时间来孕育希望，这个星球会不会变得更美好？我们会不会变得更加幸运？

别让他人操纵你的好运

不要相信天上掉好运。

也不要相信，别人可以预测你的好运。

价值投资者塞思·卡拉曼说："人们应该高度怀疑任何人（包括自己）预测未来的能力，而应该寻求能够在任何情况下生存的策略。"这句话充满了概率思维的智慧：我们既要计算期望值，做能产生正期望值的事情，也要能够在不利事件（哪怕是小概率的）发生时存活下来。

和概率思维的全局性一样，在本书中，"好运"也是一个全局性的概念。从运气本身看，好运是一种统计学的结果，它往往是跨越时间和空间的，很多人无法通过它关于耐心的考验。一个真正好运的人，不管幸运女神是否在一旁凝视，都会按照正确的行事规范来行动。

好运是关于不确定性和可能性的。以下是仅有少数人能够理解的真相。

1. 好运不均匀、不连续、不确定，充满了随机性，很难用因果逻辑来推理。

2. 因为赌场根本不存在"不确定性",所以赌场里没有好运。大数定律牢牢地将仅有的好运带给赌场老板。

3. 我们要小心的是那些隐形的赌场。有些造富平台也会扶持自己的大赢家,吸引普通人进入那个期望值为负的不利游戏。

4. 在这个博弈的世界里,在参与游戏前,我们要尽快识别出谁是庄家,看看自己坐在牌桌的哪个位置。如果是"韭菜专席",尽早离开。

5. 如果你在自己的地盘坐庄,就要努力让你的地盘整体价值为正,与参与者一起构建生态,这样就不会成为彼此收割的零和博弈。

有人的地方就有江湖,就有被操纵的好运。从索罗斯的反身性,到数字化时代,再到人工智能时代,概率权的运用者手上的工具越来越强大,也越来越隐蔽。

作为普通人,最重要的是学会独立思考,别相信别人能够帮助你支配自己的好运。希望本书能够给你一些小小的种子,而非几根大棒。

你是一个好运的人

请你一定要相信,自己是个好运的人。

皮克斯动画公司的创始人坦言,其实所有电影一开始都很糟。我很喜欢他们讲故事的法则:观众之所以喜欢一个角色,往往是因为他有锲而不舍的精神,而不是耀眼的成功。其实,这正是皮克斯的成功魔咒:"一切在于主角如何好转。"

"转运"是个很世俗的词,但却道出了人生的真谛。我们过得好不好,是否幸福,不只在于我们现在拥有的好运,更在于我们的命运如何好转。确切而言,我们能够感知的只是好运的"冷暖变化"。所以,即使你现在的运气不够好,只要运气能够好转,你感受到的好运也可能胜过那些超级明星和亿万富豪。

关于转运,最简单有效的办法,除了相信自己是好运之人,还要留意身边给你带来好运的"贵人"。我是科学派,但很喜欢这背后的正反馈循环(自我验证)的概率逻辑:

1. 假如你相信你会遇到贵人;
2. 并且你并不知道哪一个是贵人;
3. 所以你最好的做法是对每一个遇到的人有原则地友好;
4. 所以你遇到的人因为你的良好表现而对你友好并成为你

的贵人的概率会增大；

5. 于是你最终遇到了贵人。

虽然这个逻辑很鸡汤，但是对于好运也一样适用。

祝你好运！

序幕

时间
岁月幻觉

命运路径：
命运如齿轮转动，还是掷出的色子？

如果你能预知未来，又不能改变一切，你将如何度过这一生？你会嫁给一个男人，即使你早知道将来你们会分手；你们会有一个女儿，你知道她在成长过程中发生的一切，包括她在3岁时被砸伤、在青春期与你吵架、大学毕业，以及在25岁时死于攀岩。无论你多么爱她，现实如同你提前看过的剧本，丝毫不差地发生着。

这是《你一生的故事》讲述的故事，我格外喜欢姜峯楠（特德·姜）的这部小说。

该书以自由意志（决定论）、语言和萨丕尔-沃尔夫假说，讲述了一位语言学家与外星人"七肢桶"遭遇后，学会了对方的语言，从而获得了预知未来的能力。与外星人的语言沟通极为艰难，突破口来自七肢桶重做了人类给他们演示的一个物理实验。这是你我在初中时都学过的知识——光的折射。

你应该还记得这个实验的要点：（1）一束光穿过空气进入

水中，因为水的折射率与空气不同，所以光的方向发生了改变；（2）从 A 到 B，光选择的路径必然是最快的一条。那么，为什么光线不像下图中的虚线一样，直接走直线呢？

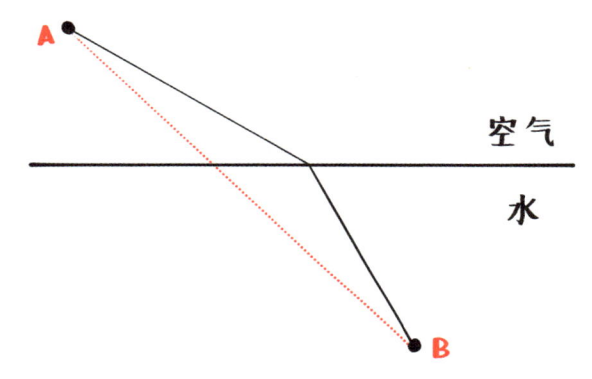

如上图中的虚线，它比光实际走的路径短，但在水中的部分比实际路径要长一些。由于光在水里的速度比在空气中慢，所以尽管路径短，时间反而更长。但是，光为什么不像下图右边虚线那样，折射得更厉害一些呢？

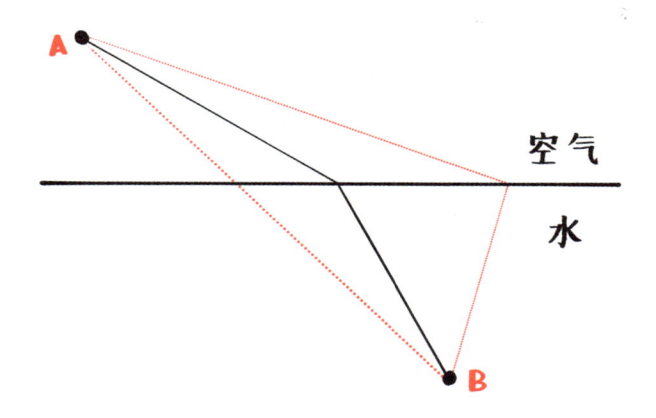

与实际路径相比,第二条理论线在水中的部分更短,但总长度比实际路径长得多。光如果走这条路径,花的时间也同样比实际路径长。

综上所述,该道理可阐述为:一束光实际选择的路径永远是最快的一条。这就是"费马原理"(又名"最短时间原理")。问题来了:光从 A 到达 B 之前,是如何设计自己的路径的?

在《你一生的故事》中,有一段堪称经典的对话。女主角("我"——一位语言学家)与物理学家盖雷("我"后来的丈夫)讨论了费马原理。

我:"我还想问问你费马原理的事。我觉得这里头有些古怪,可又说不清怪在什么地方。这个原理听上去根本不像物理定律。"

盖雷:"我敢打赌,我知道你觉得什么地方古怪。你习惯于从因果关系的角度考虑光的折射。接触水面是因,产生折射改变方向是果。你之所以觉得费马原理古怪,原因在于它是从目的和达成目的的手段这个角度来描述光的。好像有谁向光下了一道圣旨,'尔等要以最短或最长时间完成使命'。"

我:"接着说。"

盖雷:"这是一个老问题了,关系到物理学中蕴含的哲理。

自17世纪费马提出这个原理以来，人们便一直在讨论它。普朗克还就这个问题写过不少著作。物理学的一般公理都是因果关系，为什么费马原理这样的变分原理却以目的为导向？比如这里的光，好像有自己的目的。这已经接近目的论了。"

我："我们假定一道光束的目的就是选取一条耗时最少的路径。这道光束怎么才能选出这条路径？"（见下图）

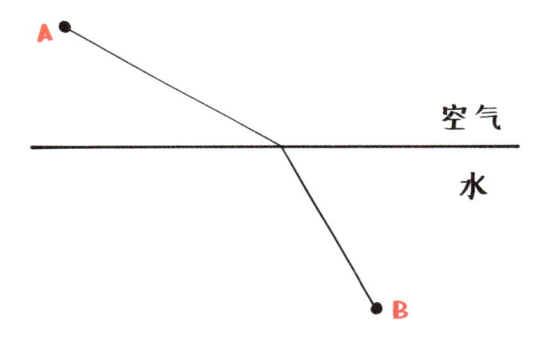

盖雷："这个……好吧，我们设想万物皆有灵魂，采用拟人化的说法。这束光必须检查所有可能采取的路径，计算出每条路径将花费的时间，从而选出耗时最少的一条。"

我："要做到你说的这一点，那道光束必须知道它的目的地是哪里。如果目的地是甲点，最快路径就与到乙点全然不同。"

盖雷："一点也没错。如果没有一个明确的目的地，'最快路径'这种说法就失去了意义。另外，给定一条路径，要计算出这条路径所花费的时间，还必须知道这条路径上有什么，比如有没有水之类。"

我:"也就是说,这道光束事先必须什么都知道,早在它出发之前就知道。对不对?"

盖雷:"我们这么说吧,这道光束不可能贸然踏上旅途,走出一段之后再做调整。需要调整的路径绝不会是耗时最少的路径。这道光束必须在出发之初便完成一切所需计算。"

我在心里自言自语,这道光束,在它选定路径出发之前,得事先知道自己最终将在何处止步。这一点让我想起了什么,我很清楚。我抬头望着盖雷:"这就是我一直觉得古怪的地方。我很不安。"

这段在电影《降临》中未曾表现的对白,引出了目的论和因果论。

亚里士多德的观点是,自然事物的一个根本特点就是"自己运动"。亚里士多德的宇宙是有目的性的宇宙,各种元素都有自己的目标,也有自己的位置,运动是由物质的本质决定的。按照他的哲学,事物并不是盲目任意运动,而是按其内在固有的本质、功能运动,在一定目的支配下运动。

牛顿的宇宙则更像一台巨大而精密的自动运作的机器,物体之所以这么运动,是外在的、无目的性的结果。牛顿的宇宙决定论认为,自然界和人类世界中普遍存在一种客观规律和因果关系,一切结果都是由先前的某种原因导致的,或者可以根据前提条件预测未来可能出现的结果。

以牛顿第一定律为例,牛顿的表述是:一切物体在没有受到力的作用时,总保持静止状态或匀速直线运动状态。可是,在牛顿诞生之前的漫长岁月里,人们认同亚里士多德的观点:除非有外力作用,否则所有运动中的物体最后都会停下来。直至今日,许多人依然会根据现实生活中的经验,认为亚里士多德是正确的。

回到光线的折射问题,决定论会根据因果关系,以不同媒介对光的折射率来解释光的路径变化。而从目的论来看,光之所以改变路径,是为了最大限度减少抵达目的地所需的时间。为什么光线会"选择"最短路径?难道光有自由意志?假如外星人七肢桶能够预知未来,他们还有自由意志吗?

在小说里,女主角幸运且又非常不幸地掌握了外星人的语言,从而可以预见自己的未来,知道所有故事的结局:自己要和一个最终会分手的男人结婚,会生下一个命中注定要在 25 岁死去的女儿。

科幻作品戳中人心的,往往是那些现实的元素。如果这种"时间并发式的因果"真的存在,我们的自由意志在命中注定当中何处容身?

自由意志：
如果大自然没有目的，你我的自由意志是否真实？

大自然是否有目的？这一问题没有统一的答案，它取决于个人的世界观、哲学立场和信仰体系。

如果大自然没有目的，人类的目的是否可以被简化为基因的自我复制和繁衍？

让我们暂时忘掉自由意志，沿着时间逆流而上，去探索光的历史。

笛卡儿出生在1596年。他对现代数学的发展做出了重要的贡献，因将几何坐标体系公式化而被认为是解析几何之父。笛卡儿是二元论唯心主义和理性主义的代表人物，留下了一句名言"我思故我在"（或译为"思考是唯一确定的存在"），提出了"普遍怀疑"的主张，是西方现代哲学的奠基人。他的哲学思想深深影响了几代欧洲人，开拓了欧陆理性主义哲学。

笛卡儿认为，人类应该可以使用数学的方法——理性——来进行哲学思考。他相信，理性比感受更可靠（他举了一个例子：我们在做梦时，以为自己在一个真实的世界，然而其实这只是一种幻觉）。

他从逻辑学、几何学和代数学中发现了以下四条规则：

1. 绝不承认任何事物为真，只有我完全不怀疑的事物才被视为真理；
2. 必须将每个问题分成若干个简单的部分来处理；
3. 思想必须从简单到复杂；
4. 我们应该时常进行彻底的检查，确保没有遗漏任何东西。

笛卡儿曾经在光学论文里，将光比作网球，当削球时，光会以不同的角度弹回。如同我们在初中课本里学到的一样，他解释了折射产生的光学幻觉，例如，人在叉鱼的时候，眼中的鱼和其实际的位置不一样。

笛卡儿的这个陈述是正确的，而他的"光在水中速度加快"的前提却是错的。

笛卡儿死后7年，一代天才费马收到一篇"关于光"的论文。该论文分析了反射定律，认为反射定律基于如下假设：自然将永远选择最短的路径。这意味着光会沿两个既定点之间可能最短的路径传播。

受此启发，费马提出了一个新的假设：鉴于该原理对研究反射有用，对研究折射会不会也有用呢？经历了历史上早期的成功数学建模，费马提出费马原理，开始时又名"最短时间原理"：光线传播的路径是耗时最少的路径。

费马原理更正确的称谓应是"平稳时间原理"：光沿着所需时间为"平稳"的路径传播。所谓的"平稳"是数学上的微分概念，可以理解为一阶导数为零，它可以是极大值、极小值甚至是拐点。

有趣的是，费马认为光在水中比在空气中传播速度慢。这一点与笛卡儿的观点相反。两人从直接矛盾的两个假设出发，却得出相同的结论，如下图所示。

折射光在入射面内

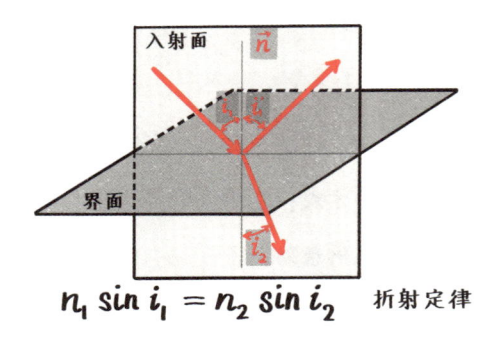

$$n_1 \sin i_1 = n_2 \sin i_2$$

折射定律

正如小说《你一生的故事》里"我"的疑惑，人们最初也对费马原理表示难以理解，一个人也许可以通过计算，选择回家最快的路径，但是光为什么会偏向最快的路径？光既没有意识，也没有目的，根本不会在乎到达某一特定的点会有多快。

笛卡儿的门徒克莱尔色列对此提出反对意见，他在信中写道：

你建立证明所依据的原则，即自然总以最短的和最简单的方式行动只是一个理想原则，而不是一个实际原则，它不是，也不可能成为任何自然结果的原因。

克莱尔色列认为"自然没有意识"。自然不会在一些可能性中选择要走的路，考虑未来的结果。任何时候，它只发现一扇敞开的门，穿过之后，整条路已经确定，整个故事已经完成。这种世界观，即"决定主义"。

费马回应了这一质疑：

我不信任自然的神秘，也没声称过信任。它有我从来没有试图观察过的模糊、隐蔽的方式；在需要的情况下，我只是为折射问题提供了一些微小的几何帮助。

费马把数学模型与物理现象相联系。他认为该模型应该被当作科学家的工作工具，直到出现更好的模型。至于工作的目的和意义，应该留给哲学家考虑。正如他留下的"费马大定理"，经历了 300 多年，直到 1995 年才被证明一样，费马的以上立场，也极具现代性。

20 世纪初，量子物理学认为，自然有时面临选择并随机解决：当遇到一些可能性时，它会抓阄。这看起来是很难接受的奇怪观点，连爱因斯坦都反驳道："上帝不玩色子。"

与费马如出一辙，玻尔回答道："我不知道，我正在说的是，使用量子力学和概率论，我可以做出非常精确的预测。"

20 世纪初，少年费曼就读于法洛克卫高中。青年物理博士艾布拉姆·巴德因入不敷出，被迫来到费曼所在的中学教书，尽管他曾经师从名家伊西多·拉比。

巴德经常在课后与费曼讨论科学问题，他向费曼介绍了引人入胜的"最小作用量原理"，说它没有办法得到解释或证明，却在物理学中无处不在。

费曼说："他只是解说，并没有证明任何东西。没有任何复杂的事情，他只是说明有这样一个原理存在。我随即为之倾倒，能以这样不寻常的方式来表达一个原理，简直是个不可思议的奇迹。"多年以后，费曼提出了"路径积分"方法和费曼图。1965 年，费曼因在量子电动力学方面的贡献，获得诺贝尔物理学奖。

最小作用量原理应用于作用量的初始表述，时常被归功于皮埃尔·莫佩尔蒂。他分别于1744年和1746年写出一些关于此原理的论文。

但是，史学专家指出，皮埃尔的这个优先声明并不明确。莱昂哈德·欧拉在他1744年的论文里就已谈到这个原理。还有一些考据显示，在1705年，戈特弗里德·莱布尼茨就已经提出这个原理。

皮埃尔发表的最小作用量原理阐明，对于所有的自然现象，作用量趋向于最小值。他定义一个运动中的物体的作用量为 A，即物体质量 m、移动速度 v 与移动距离 s 的乘积：

$$A = mvs$$

皮埃尔认为，自然界的行为就是要让上述乘积趋向于最小值。他又从宇宙论的观点来论述，最小作用量原理好像是一种经济原理。在经济学里，大概就是尽可能节省资源的意思。

尽管皮埃尔提出的原理在力学与光学领域得到了验证，可他的动机却是以该原理作为证明上帝存在的第一个科学证明。

这个论述的瑕疵是，并没有任何理由能够解释为什么作用量趋向最小值，而不是最大值。假如我们将最小作用量解释为大自然节省资源，那么，我们又怎样解释最大作用量呢？

此后，由于引入相空间，哈密顿和雅可比为最小作用量原理找到了正确的数学框架，并且发现该原理被错误命名了：作用量不是尽可能小（最小化）或尽可能大（最大化），而是稳定。

这让我想起了玻尔兹曼的观点：一个物理现象的发生，往往是因为在给定条件下，这一现象的发生具有相对较大的概率。

人生因果：
世界若只有概率，人生又哪儿来因果？

姜峯楠在《你一生的故事》的后记里，提及他因对物理学中变分原理的喜爱催生了这个故事。他写道："这个故事中对费马原理的讨论略去了它在量子力学方面的内容，因为该原理的经典解释更符合小说的主旨。"

小说情节的灵感来自一出由保罗·林克表演的话剧，该话剧说的是主人公的妻子跟乳腺癌抗争的故事。姜峯楠看后想：也许能够用变分原理写个故事，描写一个人在面对无法避免的结果时的态度。

最早涉及变分原理的物理问题大概是最速降线："质点被约束在光滑轨道上，仅受重力驱动从 A 点滑至 B 点。求使质点通过 AB 用时最短的轨道方程。"

伯努利家族的约翰·伯努利通过能量守恒与折射定律，以及暗藏其中的费马原理，巧妙计算出了最速降线。他还广发英雄帖，召集天下聪明人讨论最速降线，尤其点了牛顿的名。

当时已经不专注于科学研究的牛顿在接到约翰·伯努利的挑

战之后,仅用了一个晚上就解出了这道难题。

数百年前的这场关于最速降线的巅峰智力游戏催生了《你一生的故事》的灵感来源——变分法。

泛函求极值的方法和过程,被称作变分法。

最速降线问题,实际上就是在一个泛函集合上求极值的问题。变分法是处理泛函的数学方法,和处理函数的普通微积分相对。譬如,这样的泛函可以通过未知函数的积分和它的导数来构造。变分法最终寻求的是极值函数,它们使得泛函取得极大值或极小值。

变分法是一种绝妙而实用的数学工具,它以一种全局思维"自动地"为我们在众多函数中选出最优的一个。物理中的最小作用量原理与数学中的变分法,既彼此借力,又互相推动,帮助人类更进一步理解真实世界。

在小说《你一生的故事》里,男主角告诉女主角:几乎每一条物理定律都可以阐释为变分原理,但人类头脑在思考这些原理时往往将它们简化为表述因果关系的公式。

没错,这正是我们大多数人在中学物理中所学到的东西。这种教育方法有利于让一个孩子快速"掌握"牛顿的公式,并在现实世界的尺度中,精确地做好符合自然定律和社会规则的事情。

然而,残酷之处在于,中学物理教的只是"特例",线性的、规则的、均匀的(即使变化,也是均匀的)事物和现象,大多只出现在课本和试卷中,只出现在标准生产线上。真实的世界并非如此,无论是物理世界,还是人类社会,到处都是非线性的、不规则的、不均匀的现象。

作者借女主角之口说道:"人类凭借直观手段发现的物理特性都是某一对象在某一给定时刻所表现出来的属性,如运动、速度等概念都是这样。"为什么呢?因为按先后顺序、以因果关系阐述这些事件最方便。

于是,在绝大多数人的世界观里,"一个事件引发另一个事件,一个原因导致一个结果,由此引发连锁反应,事物于是由过去的状态发展到未来的状态"。

变分法提供了一种强大的全局视角来理解物理现象,它强调系统行为的整体优化,而不仅仅是局部的因果关系。

即使在伽利略过世近四个世纪的今天,人们仍然迷惑:为什么与方程和计算有关的数学概念,能够模拟和预测现实世界中物理系统的行为?进而,为什么物理法则应该简单?

14 世纪初,一位法国修道士为此提供了答案。

奥卡姆剃刀,拉丁文为 *lex parsimoniae*,意思是简约之法则,是由 14 世纪的逻辑学家、圣方济各会修士奥卡姆的威廉提出的一个解决问题的法则。他说:"切勿浪费较多东西,去做用较少的东西,同样可以做好的事情。"

换一种说法,如果关于同一个问题有许多种理论,每一种都能做出同样准确的预言,那么应该挑选其中使用假定最少的理论。尽管越复杂的方法通常能做出越好的预言,但是在不考虑预言能力(结果大致相同)的情况下,假设越少越好。

在科学方法中对简单性的偏好,是基于可证伪性的标准。对于某个现象的所有可接受的解释,都存在无数个可能的、更为复杂的变体,因为你可以把任何解释中的错误都归结于特例假设,从而避免该错误的发生。所以,较简单的理论比复杂的理论更好,因为它们更可检验。

牛顿在《自然哲学的数学原理》一书中提出了四条规则,说明了他用于研究、解释未知现象的方法论。

规则1:求自然事物之原因时,除了真的及解释现象上必不可少的,不当再增加其他。

规则2:所以在可能的状况下,对于同类的结果,必须给以相同的原因。

规则3:物体之属性,倘不能减少,亦不能使之增强者,而且为一切物体所共有,则必须视之为一切物体所共有之属性。

规则4:在实验物理学内,由现象经归纳而推得的定理,倘非有相反的假设存在,则必须视之为精确的或近于真的,如是,在没有发现其他现象,将其修正或容许例外之前,恒当如此视之。

拿破仑问拉普拉斯，为何他的《天体力学》一书中一句也不提上帝，拉普拉斯回答："陛下，我不需要那个假设。"而牛顿需要这个假设，因为他认为行星最终会在轨道上慢下来或被微小的干扰改变方向。所以，每过一阵子，上帝之手就会把它们重新推回轨道。

在费曼看来，科学定律都是猜出来的，并且暂时还没被实验数据推翻。"为什么旧有的定律可能是错的？观察怎么会不正确呢？如果它已得到仔细检查，结论又怎么会不对呢？为什么物理学家总在变更定律呢？"费曼的解释是：第一，定律不是观察结果；第二，实验总是不精确的。

"定律都是猜中的规律和推断，而不是观察所坚持的东西。它们只是好的猜想，到目前为止一直都能通过观察检验这个筛子。"

作为"有史以来数值上最精确的物理理论之一"的提出者，费曼用"猜"和"筛子"这些字眼非常有趣。"但后来人们知道，眼下的这个筛子的网眼要比以前使用的更小，于是这条定律就过不去了。因此说，定律都是猜测出来的，是对未知事物的一种推断。你不知道会发生什么事情，所以你需要猜测。"

重构故事：
所谓命运，是对所有的"可能性"求和？

我们距离这个世界的真相一定很远很远。

有一次，我出海钓鱼，返回途中，远远望见城市，船长说："望山跑死马，海上也一样。"不管我们在自然科学上如何突飞猛进（绝对值），人类对个体命运的未知与无能为力（相对值），与数千年前并无差别。其中固然有自然科学与社会科学的二元性，更多的或许是因为人自身更能丈量出未知世界的遥不可及。

在《你一生的故事》里，外星人之于人类顶尖科学家，相当于牛顿、爱因斯坦之于你我（当然要再乘上 10 的 n 次方）。有些物理属性，人类只有用微积分才能定义，七肢桶却认为它们是最基本的。更重要的是，尽管外星人七肢桶的数学与人类数学是相通的，但两者从方法上说正好相反。

与人类相反，七肢桶凭直觉知道，物理属性本身是没有意义的，只有经过一段时间之后，这些属性才有意义可言，比如"作用量"或其他我们人类需要用积分公式描述其定义的物理属性。

在这本毕竟是科幻作品的小说里，作者运用了变分法所带来的那种有悖人类直觉的数学张力，将最小作用量与外星人的底层思维关联在一起。

让我们再次谈谈光的折射。在小说中，人类看待世界的方式是：因为空气与水的折射率不同，所以光改变了路径；外星人看待世界的方式是：光之所以改变路径，是为了最大限度减少它抵达目的地所耗费的时间。

外星人之所以事先便知道"果"，然后再启动"因"，是因为他们发展出了"同步并举式"的意识模式，能同时感知所有事件，并按所有事件均有目的的方式来理解它们，有最小目的，也有最大目的。

让我们去除科幻中的玄幻，用一种简化的、人类可以感知的方式来理解一下外星人的"同步并发"：你在一个房间里，安静地听着音乐。有一个极其微小甚至没有体积的外星人正在观察你。

所谓没有体积的外星人，就像没有时间的我们。你看，过去并不存在，未来还没到来，现在只是一个数学意义上的微分，小到无限小。外星人的体积，就像是空间上的微分，小到无限小。他看到我们，就像人类看到外星人七肢桶，七肢桶可以同时遍历"所有的时间"，而在房间安静听音乐的你，在体积无限小的外星人眼里正遍历"所有的空间"。你是愿意驾驭空间（同时被空间束缚）穿行于"并不存在"的时间？还是愿意驾驭时间（并且也成为时间的囚徒）穿行于"并不存在"的空间？

小说里因为学会了外星人七肢桶的语言而得以发展出他们的"同步并举式"意识模式的女主角，陷入了这个两难选择的夹缝，成为时间与空间的双重囚徒：

> 这种时刻，一瞥之下，过去与未来轰轰然并至，我的意识成为长达半个世纪的灰烬，时间未至已成灰。一瞥间，五十年诸般纷纭并发眼底，我的余生尽在其中。还有，你的一生。

在这种时刻，女主角的自由意志还存在吗？如果她知道要嫁的那个男人将来会与她分手，她还能接受他求爱时那真诚而无辜的眼神吗？如果她知道自己会有一个女儿，知道她在成长过程中发生的一切，包括她在 25 岁时死于攀岩，她还能在女儿安然入睡的夜晚停止哭泣吗？

文艺作品里的情绪张力对逻辑并没有严格的要求，哪怕这个逻辑假设来自非常严谨的变分法和最小作用量原理。

100 多年前，一名穷困潦倒的青年物理学博士，不得不来到一所中学教书。他碰巧遇到一个叫费曼的男孩，碰巧对这个男孩讲起无处不在却又无法解释的最小作用量原理。多年以后，费曼提出了量子力学中最强有力的表述之一：路径积分。这个理论告诉人们，我们测量的所有可能的路径和事件真的全部会发生。

费曼的基本概念如下：要知道一个粒子从 A 点到 B 点的概率，要把所有可能的情况都考虑进去。

如何计算这些有无限可能性的路径呢？费曼把"旅程"所需的时间切成许多小段，在每个时段里，粒子可以在空间里走任意直线。这个过程似乎很奇怪，因为路径似乎可以漫无边际，计算中也没出现解释因果关系的物理公式，甚至没有出现光速。路径积分的最惊人之处，是费曼只添加了一个古典的物理学因素，那就是最小作用量原理。由此，人们甚至可以运用路径积分来重新推导整个量子力学。

费曼在《QED：光和物质的奇妙理论》一书中，向外行读者介绍了光的量子理论，其中就解释了小说中"我"与盖雷关于光的折射的"诡异"讨论。

他首先介绍了物理学家如何计算一个特定事件发生的概率。他们根据一些规则在纸片上画出一些箭头，这些规则是：

基本原则：一个事件发生的概率等于所谓"概率振幅"之箭头的长度的平方。例如一个长度为 0.4 的箭头代表着 0.16（或写作 16%）的概率。一个事件可能以几种不同的方式发生时，画箭头的一般规则是：对每种方式画一个箭头，然后合成这些箭头（把它们加起来），即用一个箭头的尾钩住前一个箭头的头。从第一个箭头之尾画向最后一个箭头之头，就画出了"最终箭头"。

最终箭头的平方即给出整个事件的概率。

费曼说，事件发生的每种可能的方式都有一个振幅，而且为了正确计算一个事件在不同情况下发生的概率，我们必须把代表事件发生的所有可能方式的箭头加起来，而不是只加我们认为重要的那些箭头。

也就是说，事实并非我们假设的那样，光如下图这样"旅行"。关于光从空气进入水中的现象，费曼讲道："我们把光电倍增管放在水下——假定实验员能够安排好这些事。光源是在空气中的 S 处，探测器是在水下的 D 处。"（见下图，来自《QED：光和物质的奇妙理论》。）

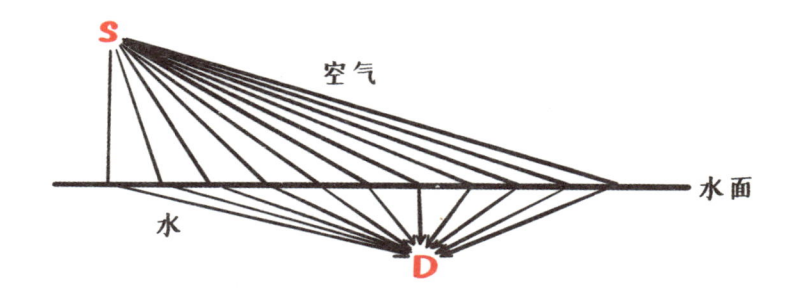

我们再次计算一个光子从光源到达探测器的概率。为了做这个计算，我们应该考虑光行进的所有可能路径。光行进的每一条可能路径都贡献一个小箭头，而且同上面的例子一样，所有的小箭头长度都大致相同。我们可以再次绘制一张标明光子通过各可能路径所需时间的曲线图。这张图的曲线将同我们原来绘制的光从镜面反射的那张图的曲线很相似：它始于最高点，然后向下，再返回向上；最重要的贡献来自箭头指向几乎同一方向的那些地方（在那里，一个路径与相邻路径所需时间相同），这就是曲线底部所对应的地方。这里也是所需时间最短的地方，所以我们要做的就是找出哪里需时最短。

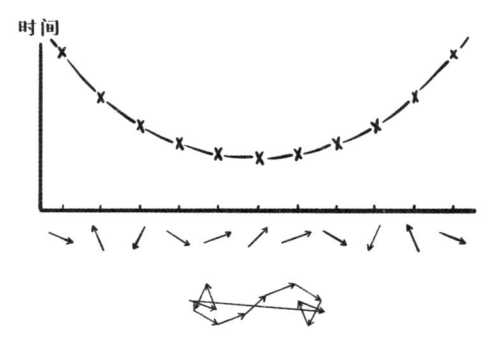

徐一鸿在《QED：光和物质的奇妙理论》的前言里，将整个微观世界的规则放大至宏观尺度，以帮助读者理解积分和求和。

他提到了另一个短语——"对历史求和"。

"如果把量子物理的规则关联到宏观的人类尺度的事物，那么历史事件的所有其他选择（如拿破仑在滑铁卢大获全胜，或肯尼迪避开了暗杀者的子弹）都是有可能发生的，而每一个历史事件都会有一个振幅与之相关联，我们将把这些振幅都加起来（把所有箭头都加起来）。"

难道历史也符合最小作用量原理？那么"造物主"要的是什么最小值或最大值？能用变分法来计算一个人的命运吗？

进而，人的一生似乎也能用费曼的路径积分公式来描述：你的生活不仅仅是一段单一的、线性的旅程，而是你可能采取的所有路径的叠加，每一条路径都受到你的决策和不同结果固有概率的影响。这与量子力学的概率本质相呼应，在量子力学中，粒子在被观测之前没有确定的状态，一切都与可能性和概率相关。

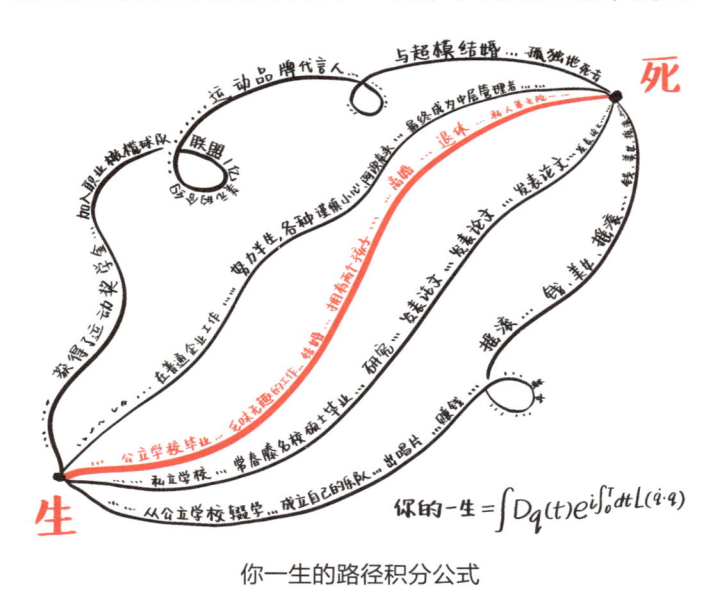

你一生的路径积分公式

$$\text{你的一生} = \int Dq(t) e^{i\int_0^T dt L(\dot{q},q)}$$

在电影《星际穿越》里，布兰德教授将所有的重要想法都融合在一个母方程里，写在黑板上，直至30年后墨菲长大来帮他求解这个方程。

这个方程正是关于"作用量"的。

"一个众所周知的（对物理学家来说）数学步骤就是从这样一个作用量开始，并推导出所有非量子化的物理定律的。教授的方程事实上就是所有非量子化的定律的源头。"

至此，人类最精确的科学居然建立在不知道和不确定的基础之上。玻尔兹曼将"概率"引入物理学的核心，直接用它来解释热动力学的基础，这一做法起初被认为荒谬至极。而费曼则提出了所谓"概率振幅"，来描述已知世界的本质。

难道我们在中学时学到的牛顿物理定律并不精确？但现实是那些古老的建筑依然屹立，满大街上跑着可以计算速度和加速度的车辆，因果律在各个层面仍然主宰着这个世界，真真假假的英雄言之凿凿地解释着成败逻辑，巨大的火箭轨迹清晰地指向太空。

费曼解释道：这是不是意味着物理学——一门极精确的学科——已经退化到"只能计算事件的概率，而不能精确地预言究竟将要发生什么"的地步了呢？是的！这是一种退化！但事情本身就是这样的：自然界允许我们计算的只是概率，不过科学并未就此垮台。

徐一鸿说："我们是怎样终于认识了光，这个故事的演进简直就是一出充满了命运的纠结、曲折、逆转的扣人心弦的活剧。"

世界未必如我们双眼所看。欢迎来到一个更令人不安却更真实（相对）的世界。

时间幻觉:
时间若是幻觉,我们怎样拥有最好的一生?

在 17、18 世纪,物理世界被视为一台由创造者设计并运行的机器。科学只是用来解释机器是怎样工作的。埃克朗在《最佳可能的世界——数学与命运》一书的中文版序言里写道:

如果全能的上帝创造了世界,并且正如教义所声称的,他爱人类,那么为什么对大多数人来说生活会是肮脏的、粗野的、短暂的?对于上帝的能力和仁爱之心来说,人类拥有更好的生活,至少是好人生活舒适,邪恶的人生活悲惨,生活的好坏和他们的行为成比例,难道不是更适当的吗?

埃克朗说,随着科学在 17 世纪的出现,一个非常原创性的答案开始形成。也许上帝本人受制于自然法则,所以某些事情是不可能发生的:在离开我出发的地方之前,我不可能到达某地;落体除非碰到其他物体,否则不可能停止。

所以我们生活在"最佳可能的世界"中。在所有与自然法则相一致的世界中,上帝创造了最好的一个,即那个人类得到最好境遇的世界,这并不意味着他们全体的境遇好,而只是在所有其他可能的世界中,他们的境遇会更差。

莱布尼茨认为,现存的世界之所以被选中,是因为它是可能的世界中最好的一个,怎样才是"最好的"?它必须是最完美的。完美由两件事情组成:一方面是变化,即无穷丰富的自然现象;另一方面是秩序,即所有事物的内部联系和自然法则的简单性。

然而,最好的世界,为什么依然有如此多的苦难?最完美的世界为什么允许饥饿、愚昧、残暴存在?我记得女儿很小的时候曾经问我:"爸爸,上帝是不是有很多双眼睛?因为他要照看地球上所有的人。"

假如确有造物主,也许他应该通过规则和算法来制造世界。"最好"也许指的是"规则"和"算法"。

皮埃尔把最小作用量原理视为上帝赋予他的创造物的记号。自然尽可能少地消耗"数学燃料",不是源于偶然,而应归于设计。从物理和数学的角度看,这都像是一个完美的"设计"。

但是,在费曼的宇宙观里,并没有引入造物主。他说,自然界允许我们计算的只是概率。在费曼对光线的折射计算理论中,所有的路线都有可能,经典路线只是比其他路线更有可能。就像是用一个谜团结束对另外一个谜团的解释。

光和石头作为实体,根据一定的概率选择它们的路线,这些概率可以提前计算。为何如此?这是新的谜团。时至今日,关于现实世界是可能的世界中最好的世界的观点,似乎无人再提。

自然按照一定的概率随机发生,当事情的发生没有明确的原因时,就找不到最优化的意义了。量子随机性撼动了自亚里士多德以来的物理学的一块基石——因果律。如《你一生的故事》里的故事张力之源——我们一直认为,任何一种现象或者事物都必然有其原因。

现实处于"整齐连续的、原因和结果成比例的可积系统"和"任何事物依赖于其他事物、任何事物都不可小视的不可积系统"之间。埃克朗写道:

世界不分因果链,不是线性地安排事件,使得前者是后者的原因,后者是前者的结果。每一事件就像树干,把网状的根伸向过去,把树冠托向未来。

任何事件永远不会只有一个原因:越往前寻找,越能找到任一特殊事件发生的越多的前因。也永远不会只有一个结果:向未来看得越远,单一事件张开的网越宽。

在物理学中寻找最佳可能的世界,我们几乎走到尽头。我们在亚原子层面发现了随机性,在自己的层面发现了混沌,在中间的某个地方是稳定作用量原理。

费曼说,真实世界中最重要的东西,看起来就像是一大批定律共同起作用的一种复杂的偶然结果。

事实上,科学真正存在所必需的,是在思想上不承认自然界必须满足像我们的哲学家所主张的那些先入为主的要求。

在诺贝尔奖颁奖典礼上发表演讲时,费曼讲道:"我觉得,这个理论只是把困难扫到地毯下面了。当然,对此我也不能肯定。"他质疑的正是自己的理论——量子电动力学,尽管其被誉为"人类发现的最精确的理论"。根据它做出的预测,经过实验证明,误差均在百万分之一的范围内。

至此,我们得知,最小作用量原理在某种程度上可以被视为一个基于经验的假设,但它在物理学的发展中显示出了极高的有效性和普适性。

预知未来的生物,只能出现在幻想中。

如果你能预知未来,又不可以改变一切,你将如何度过这一生?

在《你一生的故事》里,"我"选择了面对这一切。尽管"我"早已知道这一切,仍然在每打一手或好或烂的牌时,都如少女约会般满心期待。小说里的"我"潜意识里仍然想改变、阻止某些"已经知道的事情",结果,"我"对孩子的过分保护,反而强化了她的叛逆,从而强化了冒险的孩子死于冒险的命运。

你会选择拥有这种能力吗?你知道了自己的孩子将在最美好的年华逝去,你还会和你知道注定要离开你的男人颠鸾倒凤吗?

在平铺的时光中,在那个唯一有时间指向的物理定律——热力学第二定律的作用下,我们注定都会死,我们与小说里的主角又有什么两样呢?我们无论多么爱自己的父母,他们都会离去。我们的女儿小时候无论怎样天真可爱,她都会经历青春期,并和一个浑小子约会。

在外星人七肢桶的语言系统里,过去、现在、未来同时呈现出来,"时间之箭"仿佛不存在了。

爱因斯坦在好友米凯莱·贝索去世后,给他的妹妹写了一封信:

米凯莱从这个奇怪的世界离开了,比我先走一步,但这没什么。像我们这样相信物理学的人都知道,过去、现在和未来之间的分别只不过是持久而顽固的幻觉。

时间流逝这个鲜活的经验从何而来?卡洛·罗韦利写道:

我认为答案就在热量和时间的紧密联系中：只有当热量发生转移时，才有过去和未来的区别。热量与概率相关，而概率又决定了：我们和周围世界的互动无法追究到微小的细节。这样一来，"时间的流逝"便在物理学中出现了，但并不是出现在精确地描述物体的真实状况时，而是更多地出现在统计学与热力学中。这可能就是揭开时间之谜的钥匙。"此刻"并不比"此处"更加客观，但是世界内部微观的相互作用促使某系统（比如我们自己）内部出现了时间性的现象，这个系统只通过无数变量相互作用。

在接下来的解释里，卡洛·罗韦利假设了某种超感觉生物，就像七肢桶：

我们的记忆和意识都建立在这些概率性的现象之上。假如存在一种超感觉生物，那么对它来说，就不存在时间的"流逝"，宇宙会是没有过去、现在、未来之分的一整块。但是，由于我们意识的局限性，我们只能看到一幅模糊的世界图景，并栖居于时间之中。

卡洛·罗韦利引用了《时间的秩序》一书中的一句话："看不清的比看得清的更广阔。"他认为，正是这种对世界的模糊观察，孕育了我们对时光流逝的观念。

"然而，在引力、量子力学和热力学三者的交叉地带，许多问题依然纠缠在一起，时间则位于这团乱麻的中心。"

这对人类而言，既是最紧迫的难题，又是某种恩赐。

我喜欢斯拉沃热·齐泽克在《事件》一书中对"事件"的定义：我们可以将事件视为某种超出了原因的结果。这是一个奇妙而智慧的表述。齐泽克写道："原因与结果之间的界限，便是事件所在的空间。"

在这本哲学小册子里，作者将事件的定义与"因果性"关联起来。他认为，事件都带有某些"奇迹"般的东西，可以是日常意外，也可以是带有神性的宏大事件。例如，对于爱情的理解，你并非是因为她的容颜爱上她，而是因为爱上她才迷恋她的容颜。爱情之所以具有事件性，正是因为其循环结构，事件可以互为因果。《事件》提及哲学的先验论和存在论，并说存在论已经成为量子科学、脑科学和进化论的领地。

假如用"某种超出了原因的结果"来看《你一生的故事》的女主角的"一切了然于眼前"的一生，我们该如何评判她一生的"事件性"？是最好，还是最糟？

女主角预知了女儿一生的一切，她如被施加了极刑的母亲，疯狂而又绝望地试图去改变女儿在25岁死去的未来，可她所做的一切与女儿的命运构成了某种负向的循环结构。人们总是在躲避自己命运的途中，与命运不期而遇。

然而，请允许我让时光倒流，允许我替那位母亲倒置因和果。这样，那个似乎无法逃离的互为因果的死循环，也许便成为一次生命的绽放。那些毫不起眼的生活细节——孩子的第一次行走，一个微笑，一个愚蠢的玩具，一场糟糕透顶的旅游——突然间带有了神性，无法避免的结果将被某种原因超越。在你的一生之中，所有的故事都属于你，任由你的意志自由重构。

为希望而活：
在这个不确定的世界里，每个人都可以成为英雄

《你一生的故事》这个故事，借助于费马原理的经典解释与量子力学解释之间的张力，又与语言相对性原理巧妙地糅合在一起。用数学对费马原理做出数学描述，需要使用变分法，更要使用另外一种理解这个世界的观察和思考方式，这种方式与我们所习惯的截然不同。

碰巧，《最佳可能的世界——数学与命运》一书探讨了最小作用量原理。皮埃尔认为，如果人们接受这一观点，那么所有的物理定律都能用数学方法推导而来。进而，通过声称所有的创造物都遵循类似的原则，他跨越了科学和形而上学之间的界限。所以，比如说上帝安排了历史的进程，那么人类遭受的苦难的总量应该是最小的。

这个话题延伸至个体的宿命会好玩儿很多。但我只是追溯了从笛卡儿、费马、皮埃尔到费曼对"光之折射"的探索历程，甚至没有随着《最佳可能的世界——数学与命运》再往进化论和人类社会更进一步。也许，我们要的并非某个"可能最好的世界"，

而是"某种可能性"的最好,即并非用"最好"来形容某个"可能的世界",而是用"最好"来形容"世界的可能性"。

造物主如何设计这种最佳,不得而知。但如何面对这种"可能性的最好",费曼倒是给出了启发:

你看,我会存疑,可以忍受这些不确定性,也接受自己很无知。我觉得,不知道答案,这要比得到一个错误的答案有意思得多。对不同的事情,我或是有近乎正确的答案,或是可能相信它们,对它们的确信程度不同,但我对任何事情都没有绝对的确信,还有好多事情我是一无所知的,比如"我们为何存在"这样的问题是否有意义,还有这个问题究竟意味着什么,等等。我偶尔也会想想这些问题,但是如果我得不出答案,那我就转身去做别的事,我不用非要知道答案不可。不懂一些东西,漫无目的地迷失在神秘的宇宙中,这些没有让我感到恐慌。这是很自然的状态,我能说的就这些——我一点儿也不害怕。

人类是一种为希望而活的动物。"希望"指的并非某事的实现,而是"可能性"。光的希望是路径上的可能性,年轻人的希望是时间上的可能性,生态系统的希望是多物种的可能性。

《蝙蝠侠:黑暗骑士崛起》里有段台词:"任何人都可以成为英雄,哪怕是做了某件不起眼之事的普通人,为一个无助的男孩披上一件外套，告诉他，人生还可以继续下去。"在暗黑的电影里，诺兰镜头下的英雄，始终相信人性最后的希望，坚守自己的可能性，带给别人可能性，不管可能性多么微不足道，多么孱弱，概率多么低，也如烛光般在暗夜中越发耀眼。

人们面对可能性所做出的选择，并不能够决定最后的结果。我们选择之后再等待未知的"被选择"。对的选择未必有好的结果，哪怕概率站在你这一边，希望之"可能性"也可能飘移到那些与当下的现实擦肩而过的平行宇宙里。个体主观的选择和被现实世界选择的结果，二者之间并非线性关系，因果链条缠绕难辨。然而，这正是希望之"可能性"的生长之地。

英雄们为"可能性"而行动，或是为陌生人递上一杯水，或是将核弹拖出城市。他们并不需要这"可能性"为自己做出任何百分之百的承诺，也不会因"可能性"的归零而有怨言。他们平静地出手去做，即使在他人看来"可能性"并不存在。"A hero can be anyone"指的是，只有当"可能性"模糊不清，只有当选择和被选择并不对称，只有当付出未必有回报时，一个人才能通过主动选择实现此生的自由意志。最小作用量与变分法，因与果，主动选择与自由意志，彼此之间都有某种循环互动的存在结构。

我喜欢姜峯楠在《你一生的故事》后记里的文字，且以其收尾：

关于这篇故事的主题，也许我所见过的简洁的概括出现在冯内古特给《五号屠场》二十五周年纪念版所作的简介中："史蒂芬·霍金认为我们无法预知未来很有挑逗意味。但现在，预知未来对我来说小菜一碟。我知道我那些无助的、信赖他人的孩子后来怎样了，因为他们已经成人。我知道我那些老友的结局是什么，因为他们大多已经退休或去世了。我想对霍金以及所有比我年轻的人说，'耐心点。你的未来将会来到你面前，像只小狗一样躺在你脚边，无论你是什么样，它都会理解你，爱你'。"

你中了宇宙彩票的头奖

宇宙何以诞生是个谜,地球上出现生命是个奇迹,我们此时来到此地,是个概率极小的事件。从幸运的程度看,你我都是超级彩票中奖者。

你也许会说:"够了,即使看起来每个人先天拥有的太阳、地球、空气等最重要的因素完全一样,但人和人之间还是有很大的差别。你别再给我讲什么第欧根尼让亚历山大不要挡住他晒太阳的故事了。要不,让比尔·盖茨拿他的大房子和我换,我去他的临湖后院晒太阳?"

那就让我们说说地球上具体的彩票吧。

如何在人世间实现好运,获得人生大奖呢?

以下是6个"定律"。

1. 大数定律。根据这个定律,我们知道,样本数量越多,则其算术平均值就有越高的概率接近期望值。彩票的中奖概率极低,以英国国家彩票为例,其大奖的中奖概率约为 1400 万分之一。这个机会有多大呢?远低于被从天而降的陨石砸中的可能性。再比如,你很少听见有人被雷劈吧?的确,每个人一年内遭遇雷击的概率并不高,大约是 175 万分之一,但这已经远高于中彩票大奖的可能性。

所以,几乎对于所有人而言,最好别去买彩票。

2. 必然性定律。某个彩票大奖的中奖概率是亿分之一,但最后依然会有一个人中奖。运气总会选择某个人。当结果出现后,我们会忘掉亿分之一的概率有多么小。同样,在现实世界总会有幸运儿,连他们自己都无法预料自己的好运。但是"成功"后,当事后诸葛亮则人人都会。所以,成功学绝大多数是好运的事后解释。

3. 赌场必胜定律。要想让大数定律站在自己这一侧,最好的办法是自己成为赌场;要想百分之百中头奖,并且场场都赢,你应该成为彩票发行者。你控制自己命运最好的办法,不是成为赌神,而是成为"随机性"的老板。

4. "连珠成串"定律。前面说了,某彩票的中奖概率约为 1400 万分之一,若换算成投硬币游戏,相当于你连续多少次投中全是正面朝上呢？答案是：24 次。俗话说，人生是由一连串选择构成的，每一次选择都相当于一次下注，可能输，也可能赢。最后决定我们命运的，不是某个珠子，而是项链。所以，有一位作者写道："学会思考如何将每一个幸运时刻'连珠成串'，是一件比幸运本身更迷人的事情。"

5. "好运二八"定律。零售巨头 NITORI 的老板说，自己的成功 80% 靠的是运气，但运气并非来自偶然。既然不是偶然，为什么称之为运气呢？大概指的是那些当初付出且未必看得见回报的努力。这个世界的底层是"漫无目的"的随机游走，因而是非线性、不均匀、不对称的，这些不确定性在短期内令运气主宰一切。但如果拉长事件，我们依然可以从时空的全局中找寻某些规律，哪怕那些规律需要用因果和概率一起来阐释。

6. "最好可能性"定律。作为本书的序幕，我在本章重新定义了莱布尼茨的"最好的世界"的概念。我用"最好"描述"可能性"，而非描述这个世界。因为我们只能观察到一个可能性的世界，人类的自由意志也只有在"可能性"之中，才有存在的幻觉。

好了，让我对此做个小结，人生不过两件事：

1. 好好享受你已经中奖的超级大彩票。

2. 大胆，放轻松，去争取地球上的某个小彩票，最好是你自己发行的。

别太在意，反正这张小彩票你是拿不走的。

那么，那张宇宙大彩票之后，是什么呢？

作为一个不可知论者，我对此毫无主张。不过，假如你相信概率，倒是可以改写姜峯楠另一部小说里的一段话：

"如果要敬爱造物主，不管是牛顿的上帝，还是爱因斯坦的万物之神，你必须有思想准备，无论造物主对你的安排是什么，都要无条件地爱戴他。造物主不代表公正，不代表仁慈，也不代表怜悯。只有彻底理解这一点，才能成为真正的地球人。"

第1幕

因果
悬搁宁静

难以计算的计算

有些奋死一搏，可能是悄无声息的。

1939 年，二战爆发。随后的六年，将有近一亿人死于这场有史以来最残酷的世界大战。同年 9 月，另一场看不见硝烟的战争静静拉开了帷幕。这场战争像是一次武林高手的围殴事件：江湖排名前十的日本顶尖围棋高手轮番上阵，欲置一名弱不禁风的华裔青年于死地。那是吴清源孤身一人来到日本的第十一个年头，他大病初愈，在家国恩仇的缝隙间苦苦求活。

决斗规则，是残酷的"擂争十番棋"，好比武士之间真刀真枪的生死对决。这绝非打比方，历史上的十番棋，败者真的会家破人亡：

- 正保年间，为争夺名人棋所之位，二世本因坊算悦与二世安井算知赌上生死，呕心沥血，耗时九年而只下了六局；
- 宽文年间，为了挑战当时的名人棋所，三世本因坊道悦做好输了就受流放远岛之刑的准备；
- 元文年间，七世本因坊秀伯与井上因硕决斗，秀伯中途吐血倒下；
- 天保年间，赤星因彻挑战十二世本因坊丈和，吐血，死于26岁；
- 十四世本因坊秀和大战幻庵因硕，第一局耗时九天，因硕两度吐血；
- 水谷缝治和高桥杵三郎擂争较量，水谷折寿而亡。

面对"悬崖上的决斗"，背后万丈深渊的吴清源别无选择。

1939年9月，第一场十番棋决斗拉开帷幕，由木谷实对吴清源，史称"镰仓十番棋"。第一局。木谷实执黑，不贴目。50年后，初三暑假自学围棋的我，在凉席上摆下这盘棋，仿佛凭吊了一场古老的战役。

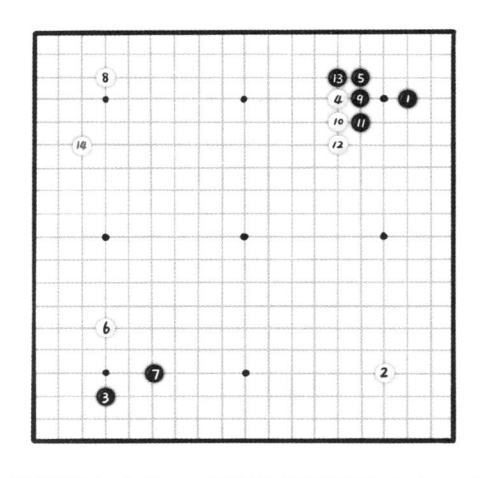

面对黑棋的两个小目，吴清源起手两个（白4和白6）二间

高挂，相当罕见。黑9挺起时，白4相当于开局肩冲无忧角，亦不寻常。当黑13三路拐时，白14居然置之不理，在左下大飞守角。当时我对此开局颇感疑惑，因为白棋的着法与我学的完全不一样，按理说，挂完角，要拆边。

如果说这是因为棋谱来自50年前，那么为什么我又会感受到一股强烈的来自未来的气息？又过了27年，时间来到2016年，围棋AI（人工智能）阿尔法狗横空出世，碾轧人类，彻底重新定义了围棋。

有人用AI研究了这盘古老的对局。强大的AI如何评判近80年前的着法呢？结果令人震撼：上图中奇怪的"白14"脱先守角，是AI的第一推荐！其后的关键几手，也与AI的着法吻合。而最耀眼的，当数如下一手。

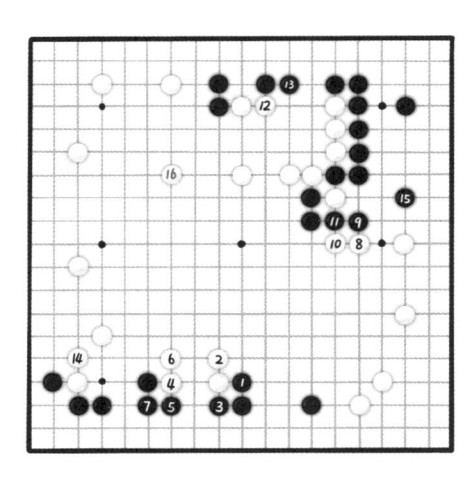

如上图所示，白棋又在下方肩冲，在右侧觑，快速展开，步

调飘逸，是浓浓的 AI 风格。这时，吴清源走下了白 16。少年的我摆下这一手时，愣了好一会儿。这一手棋，你很难说它是虚还是实，是厚还是薄，是攻还是守，是连还是围。总之，白 16 就像宇宙间的一颗行星，悬搁于宁静的夜空，轻盈却刺痛，缥缈而夺目。这一手，又是 AI 的第一推荐！

就这样，开局不过五十余手，吴清源执白棋，在黑棋不用贴目的巨大劣势下（现在比赛中黑棋需要贴六目半），没有吃对方一个子（甚至木谷实也没走错什么棋），就神不知鬼不觉地反超了强大的敌手。孤独探索棋艺的吴清源仿佛是 AI 穿越回近百年前，下出了天才般的妙局。

围棋被视为人类完美博弈游戏的巅峰，其早期发明或是为了研究宇宙（占星术），或是为了演练排兵布阵。围棋既有传统意义上"东方思维"的感觉，又有所谓西方思维的计算。在东亚以外，作为最聪明的智力游戏，围棋是著名大学教授们的最爱，例如电影《美丽心灵》里的纳什。

西方人更感兴趣的是围棋"难以计算的计算"之魅力。如何教会计算机下围棋，成为科学家们一个里程碑式的超级目标。《未来终章》将围棋 AI 的发展分为四个阶段。

第一阶段：黎明时代（1969—1984 年）

人们开始设计最基本的围棋软件，棋力只有 38 级（"级"是越大水平越低，"段"是越大水平越高）。

第二阶段：手工业时代（1985—2005 年）

这时的围棋软件有点儿像填鸭式教育，既要靠开发者对围棋的理解，又要输入大量内容。这一阶段的两个关键算法与国际象棋程序的原理接近：（1）极小化极大算法，意思是一步"最大化自身利益"，下一步"最小化对手利益"，如此循环；（2）评估函数，用计算机评估局面，判断优劣，需要一个量化的评估函数来代替人类"感觉"的输赢。

上述方法对于国际象棋非常管用，对于围棋却很难，因为围棋的"评估函数"非常复杂。人们甚至认为，围棋里无法感觉的部分，是很难被量化的，所以计算机下围棋不靠谱。

第三阶段：蒙特卡洛时代（2006—2015 年）

蒙特卡洛法也被称为统计模拟法、统计试验法，把概率现象作为研究对象的数值模拟方法，是按抽样调查法求取统计值来推定未知特性量的计算方法。最常见的例子是测圆周率。如下图所

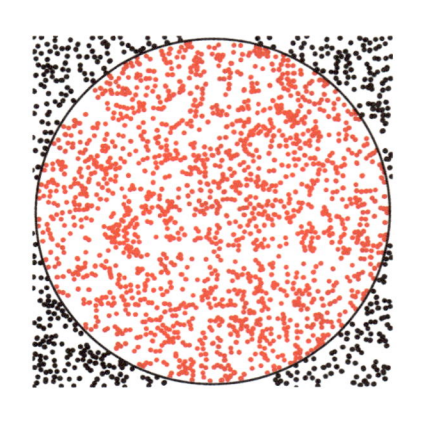

示，在这个正方形内部，随机产生 10000 个点 [即 10000 个坐标对（x, y）]。什么叫随机产生？简化的说法就是，胡乱在该正方形的上方扔 10000 粒沙子，任其随机地落在正方形上。听起来像赌徒扔色子？没错，这就是其名字的由来——蒙特卡洛赌场。

随后，计算它们与中心点的距离，从而判断是否落在圆的内部。如果这些点均匀分布，那么沙子的数量应该与面积成正比。因为图中圆形与正方形的面积比例是 $\pi/4$，所以圆内的点应该占到所有点的 $\pi/4$。于是，我们数一下沙子的数量，就能得出 π 的数值。我喜欢把蒙特卡洛法称为"聪明的笨方法"。厉害的人或者机构，很多是因为找到了自己的"聪明的笨方法"。

计算机如何用蒙特卡洛法下围棋？听起来非常不靠谱：在当前局面，让计算机"随机"地"试下模拟"到终局，得到一个胜败的数据；重复以上模拟很多次；根据统计数据，选择获胜概率最大的那一手棋。

是不是像上面的扔沙子行为？这就怪了，明明是地球上最聪明的智力游戏，怎么能用随机模拟出来的概率去"蒙"呢？看似是用"近似解"替代了"最优解"，蒙特卡洛法透露了这样一种智慧：模糊的精确，好过精确的模糊。

然而，蒙特卡洛法也有如下致命弱点：看不清复杂死活和对杀；后盘容易出错；当胜率低于 50% 时易"自暴自弃"。

第四阶段：阿尔法狗时代（2016 年以后）

围棋 AI 战胜人类，靠的是模仿人类的直觉。阿尔法狗是深度学习的杰作。深度学习是机器学习的一种。深度学习的概念源于人工神经网络的研究，含多个隐藏层的多层感知器就是一种深度学习结构。深度学习通过组合低层特征形成更加抽象的高层表示属性类别或特征，以发现数据的分布式特征表达。研究深度学习的动机在于建立模拟人脑进行分析学习的神经网络，它模仿人脑的机制来解释数据，例如，图像、声音和文本等。

阿尔法狗起初的版本，还使用了数百万人类围棋专家的棋谱，并通过强化学习进行自我训练。而到了阿尔法元这个版本，它已经不再需要人类的数据了。有种说法是：深度学习是"小孩子的 AI"，因为其看上去像小孩子学习，看起来漫不经心、乱七八糟，效率却相当惊人。想想看，孩子学说话，或者玩儿玩具，是不是像学习天才？阿尔法狗将深度学习和蒙特卡洛树搜索做了巧妙结合，从而夺下了人类最后一个（完美博弈）智力游戏高地。2016 年，阿尔法狗以碾轧优势战胜世界冠军李世石。这一时刻，此前人们预测还需要 20~50 年才能到来。

用概率建立直觉

回到 60 年前。时光如白驹过隙，转眼之间，从吴清源大战木谷实开始，擂争十番棋已经持续了 16 年。全日本顶尖棋手轮番上阵，欲置吴清源于死地。谁都不曾想到，吴清源可以在悬崖边挺这么久。

"当时被认为最强的雁金、木谷、桥本、岩本、藤泽、坂田，这些耆宿或新锐在吴清源面前一一败北。"不仅如此，当时所有和吴清源对局的一流棋士，都已被降为差一段的先相先或是差两段的定先。这相当于，全世界十支最厉害的足球队——巴西国家队、皇马、巴塞罗那、曼联等——轮番上阵，挑战某支神秘球队，并且这支球队每次只上 10 个人！1962 年 7 月，最后的擂争十番棋拉开帷幕。

由高川本因坊秀格大战吴清源。围棋的宁静掩盖了其竞技的残酷。棋盘上的巨人吴清源，现实中格外瘦弱，体重仅 40 多公斤。尽管如此，每下一盘棋，他仍会瘦一公斤以上。

这 16 年间，川端康成笔下"缥缈、清冽"的吴清源，生活中却过得像一条狗，一条丧家之犬。棋盘外一无是处的吴清源，陷入国籍风波，在中日战争中命如浮萍，像一条迷途"走狗"。战后的吴清源，误入近乎邪教的玺宇教，一代围棋天才在教主面前连狗都不如。有一次他没完成拉人头的任务，竟然打算投湖自尽，差点儿成了一条落水狗。

由于吴清源连续获胜，日本棋士们在"打倒吴清源"的口号下，成立了"吴清源研究会"，共同研究如何痛打落水狗。托尔金的小说里，有一个类似的画面：

> 最后只剩胡林一人依然挺立。那一刻他抛下了盾牌，双手抡动一柄大斧。歌谣中说，斧头沾了勾斯魔格食人妖护卫的黑血，冒起烟来，竟至熔掉。胡林每砍倒一个敌人，就高喊道："Aure entuluva！光明必要再临！"如此他一共喊了七十次。

不同的是，胡林最后仍然被敌人生擒了。而吴清源，则横扫所有轮番上阵的对手，屹立不倒。他用的也不是大斧，而是一把轻柔之剑。高川压轴的十番棋，被寄予厚望，他当时破纪录地达成本因坊四期连胜伟业。读卖新闻社这样写道：

> 在残酷的胜负之道上拼杀至今，成也罢，败也罢，棋盘上的生死较量本就是棋士的宿命。这场投入全副心魂、舍生忘死的十番争斗必将成为名谱而流传后世，亦必然不负众棋迷之望。

1955 年，最后一战。吴清源击败高川本因坊，并将其降级，从此再无敌手。多年以后，当我们再次翻看棋谱，会有一种"神奇"的疑惑：你看到的不是悲壮，而是华丽。如读卖新闻社当时的描述："清新绚烂，一如既往。"

为什么那一局局生死之战，竟然看不见孤注一掷和挣扎？为什么居无定所的吴清源如落水狗般坐到棋盘边，只要稍稍抖抖身上的水，挺身而坐，就会瞬间变成一头雄狮？都说"争棋无名局"，为什么吴清源可以在残酷的擂争十番棋中留下不朽的传世之作？为什么在近 100 年前，一个在命运中挣扎的棋手，可以下出最强大的 AI 推荐的"第一手"？

棋手王铭琬在写到围棋 AI 的发展历程时，有如下两点切身感慨。

1. 围棋 AI 使用蒙特卡洛法，看似"不追求正解"，其实是以"没有什么正解"为前提来思考围棋，这种精神是稀缺的。

有趣的是王铭琬自己下棋，就是用概率来建立直觉，而不是靠精算。王铭琬称之为"空压法"。使用这貌似不靠谱的方法，他居然拿到了"本因坊"的头衔。

2. 阿尔法狗的深度学习就像是"童心"的力量。

他认为，下围棋，是大人重返孩童的时刻。童心不仅带来围棋的乐趣，更是强大的围棋"原力"。赵治勋说，吴清源的棋似乎总在侦察，机会一来就逼迫对手进行不容分说的转换，完全是随机应变的好棋。除了吴清源，没人能够驾驭天马行空的布局。这是不是很像蒙特卡洛法的鸟瞰？在吴清源的围棋世界里，似乎没有什么常理，无拘无束，自由驰骋。

"他此前已经弃掉的棋子，随着局势的变化不知怎么又枯木逢春了，之前看似随意的布子也能呼应上了。"

吴清源喜欢一句话：暗然而日章。这句话出自《中庸》："君子之道，暗然而日章；小人之道，的然而日亡。"意思是说，君子之道深藏不露而日益彰明，小人之道显露无遗而日益消亡。有人认为吴清源用这句话自勉，讲的是君子如何为人处世。可我觉得，这句话代表了吴清源对未知世界的理解。暗然，是指灰度，模糊不清，用概率思维来洞察未知局面。这正是王铭琬所写的：以"没有什么正解"为前提来思考围棋。

在我看来，吴清源的围棋世界观是道家的。回忆起当年史诗般的擂争十番棋，吴清源说：

胜负对我来说无关紧要。不是想胜就能胜，这就是围棋。因此十局战一开始，我想的就是让自己委身于围棋的流势，任其漂流，不管止于何处。这就是我当时的心情。

这正是道家哲学最有趣的地方，在一场寸土必争、以胜负为目的的决斗里，吴清源用一种"不争"的态度，成为不败战神。

《东西之道》作者梅勒认为，对"人的能动性"的质疑，是《道德经》最有意思的部分——现代西方哲学，从主体性的发现开始，一直关注自我和自我的力量；《道德经》"无为"的准则，通向了对世界的整体观察——把世界看作一个机制，以"自然"或自发的运作为基础。梅勒称之为"自创生"。

"和谐相依，方成棋局"，这就是吴清源对围棋的观点。围棋是古代文化中罕见的与"量化"有关的事物，因此，当其与不太在意"数目化"的东方哲学关联在一起时，分外有趣。吴清源的哲学，像是剑客生死决斗时的超然。这种超然没有脱离战斗的使命与严酷，反而令其战斗值更高。

尽管吴清源的胜率极高，但却没人视之为"胜负师"。小林光一、曹薰铉等人也极有天赋，他们下棋赢了，会被视为"真能打"。而吴清源赢了，却会被赞为"旷世奇侠"。这是其他超一流棋手无法企及的。围棋像是一个呈现《道德经》哲学的桌游。那些看不见、摸不着的词语，例如，气、场、势、利、虚、实，经由围棋的计算，以及终局精确的胜负评判，而变得量化而具体。

围棋 AI 战胜人类冠军，一方面嘲讽了人类在围棋上的许多幼稚假设，以及无知的解释，许多定式和布局甚至棋理，被扫入了垃圾桶。而另一方面，AI 与人类高手似乎呈现了某些"英雄所见略同"之处。例如本章开头吴清源那一手凌波微步般的白16。显然，AI 和吴清源是经由不同的计算路径实现巧合的。

需要说明的是，尽管 AI 是人类设计出来的，但 AI 下围棋完全靠的是自学。AI 通过数百万、数千万盘的强化学习，从零开始形成了自己的感觉，进而还能在实战中通过仿真推理来评估不同选项的终局获胜概率。而人终其一生也下不了 10 万局，于是不得不依赖天赋、直觉，以及哲学。而这两条貌似截然不同的路径，一虚一实，一东一西，竟能相逢于华山之巅。

于是，一个大胆的念头冒了出来：如果 AI 可以用算法揭示人类直觉（或哲学）中原本可以计算的部分，那么人类的直觉（或哲学）反过来能否通向那些 AI 无法计算的深处？如果道家思维能够帮助吴清源赢棋，其能否帮助现代人在"无法计算"的金融领域赚钱呢？

逍遥的赚钱之道

有个叫马克·斯皮茨纳格尔的人写过一本书,叫《资本之道》(*The Dao of Capital*,中文版名为《资本的秩序》)。该书封面推荐语之一,来自《黑天鹅》作者塔勒布。当马克·斯皮茨纳格尔的基金在2020年前四个月狂赚40倍时,人们在文章中称他为"黑天鹅之父的大弟子"。封面有个大大的"DAO",正是来自中国道家的"道"。

国外研究者起初想用"Way"来说"道",发现词不达意,后来干脆直接造了个新词"DAO"。英文副标题是"扭曲世界的奥派投资"。看上去,作者在古老的东方之"DAO"与西方"奥地利学派"之间建立了某种关联。

马克·斯皮茨纳格尔是交易场上真正的剑客,16岁开始在芝加哥期货交易所当学徒,95%的时间都在亏损。他从中学到:"学会承受损失,以及在损失扩大成灾难之前及时抽身";"我必须愿意长期看起来像个傻瓜,靠承受微弱的损失来等待大赢家"。

《资本之道》如此开篇:

一开始，我们必须用一种新方式考量资本，将其看作一个动词而不是名词。资本不是一种无生命的资产或者财产，它由行动和达到目的的手段组成，最终目的是打造、推进和利用不断发展的经济的各项工具。事实上，资本是一个过程，或者一个方法、途径，即古代中国人所说的"道"。

金融投资是残酷的竞技场。看起来无比张狂的塔勒布，在与马克·斯皮茨纳格尔合伙做对冲基金时，经常紧张到要被后者安抚。斯皮茨纳格尔在书中提到了《道德经》，提到了围棋，并且相当内行地对比了"外势"和"实利"。他如果遇到吴清源，一定会有很多话想说。例如，势和利的平衡，过去、现在、未来的关联，时间贴现，等等。斯皮茨纳格尔写道：

资本具有跨期特征：它的定位和在未来不同时点的优势是核心。时间是资本的生存环境——定义它、塑造它、帮助它、阻碍它。当用一种新方式思考资本时，我们也必须从新的角度考量时间。当我们这么做时，这就是我们的路径，我们的资本之道。

该书的关键词之一是"迂回"：为了在后期获得优势，而愿意在前期处于劣势。这正是围棋里"势"与"利"的关系，其中交织着计算以及对未来的预测。吴清源在棋盘上行云流水，得益于他对"势"与"利"的超常洞察。斯皮茨纳格尔认为"迂回"这种做法几乎不可能会有人愿意遵循。正如老子所说:"明道若昧,进道若退,夷道若类。上德若谷……大器晚成。"

有人认为斯皮茨纳格尔传递了这样一种理念:弄懂如何处于胜利位置的过程,要比确定赢利目标更重要。

好玩儿的是,王铭琬在研究围棋 AI 何以碾轧人类时,得出了超乎常人设想的结论:我们以为 AI 算法是靠计算力击败人类,就像汽车是靠机械的"蛮力"而比人跑得快。但事实是,比起堆积意义的"算棋",无从捉摸的"形势判断"重要太多了。而从棋盘整体直接判断形势,正好成了围棋 AI 的最强项。

以上观点与投资之道的相通之处,妙不可言。吴清源在对局中忘却胜负,反倒能够常胜。

当斯皮茨纳格尔在刚开始下场成为当时债券市场上最年轻的交易员时,被导师告知要明白自己待在芝加哥期货交易所的目的,并不是学习如何赚钱。

如果想赚钱,你根本就不该待在这里。你将会在进军拉萨尔大街的路上遇到各种困难,找不到进入的门径。

斯皮茨纳格尔比绝大多数交易者活得更久、更舒服。投资之余,他在密西西比河边买了个农场放山羊,做奶酪,他做的奶酪被评为世界上最好吃的手工山羊奶酪。这是道家的做派。也许他想起了庄子说的:"日出而作,日入而息,逍遥于天地之间,而心意自得。"

道家哲学最具现代性的一面,也许是其对"未知"的理解。道家勇于承认无知,其对知识的冷淡与对情感的冷淡如出一辙。这并不是说道家避世,或是不愿学习已知,探索未知,而是道家哲学认为:在一个广袤无垠的未知世界,已知的知识微不足道,更可能是临时的和错误的。

梅勒觉得,情感的宁静与知识欲求的最小化,让道家的圣人可以确定什么是转瞬即逝的,无须对它产生情感。如此一来,厄运的坏处被最小化了。同样,道家的圣人知道自己一无所知。这样,他们就比那些误以为自己知道(或是假装聪明)的人更有智慧。

就像尤瓦尔·赫拉利的总结:"科学革命并不是'知识的革命',而是'无知的革命'。真正让科学革命起步的伟大发现,就是发现人类对于最重要的问题其实一无所知。"

吴清源和阿尔法狗的强大之处,亦是始于"一无所知"。笛卡儿有一个著名的"苹果"比喻:如果一个人有一篮子苹果,他担心其中有一些是烂苹果,想把它们挑选出来,以免其他苹果也烂掉。那么,他该如何着手呢?

这是一个简单而好玩儿的问题。笛卡儿给出的答案是:难道他不是应该先将篮子倒空，然后把苹果一个一个地检查一遍，再将那些没有腐烂的苹果挑出来，重新放回篮子里，并将那些腐烂的苹果扔掉吗？

进而，我们的许多"已知"，也许根本就是错的。

如果要把错误的观念和正确的观念分开，以防那些错误的观念污染了所有的观念，那么最好的方法就是把所有观念都当成错误的，一次性全部抛弃，然后逐个检查，只采纳那些不再存疑的正确观念。

看起来似乎有点儿极端，对此我给出的解释是：我们应该用第一性原理，从"我一无所知"出发，从头思考某一事物的"DAO"；就局部而言，我们又没有必要重新发明轮子。这是两种很难整合在一起的对立力量。吴清源之"无为"，也离不开他扎实的基本功和大量实战的锤炼。否则，他的卓越大局观与概率化思维就没有了计算的根基。

擂争十番棋期间，全体日本最强棋手罕见地聚在一起，集体研究吴清源。而吴清源却始终孤身一人，他甚至不会刻意去研究对手。列子可以御风而行，众人艳羡，说他得道了。而庄子不以为然，认为列子并不算是得道，因为他依然依靠风。而风，并不是宇宙间的那个"常"，非恒有之物。假如列子习惯于御风高高在上,要是有一天风停了呢?

知识就是力量,但知识不是双翅,更不是风。吴清源在棋盘上像是《黑客帝国》里"得道"后的尼奥,会飞,轻盈舒展,难以被捕获。那是因为他自己就是"风"。

悬搁判断的宁静

怀疑论创始人皮浪的最终目的是寻求幸福,为此要回答三个问题:什么是万物的本性?我们对它应采取什么态度?这种态度将给我们带来什么结果?

皮浪自己的答案是:

1. 我们无法判定感觉与意见是否与客体一致,无法认识事物的终极本性,没有公认的标准可以裁决人们的意见分歧。

2. 所以,我们不能相信自己的认识,应当"悬而不断":对任何事物都说"既存在,又不存在",或"既不存在,又不不存在"。

3. 这一"不断定"的结果就是"不动心"状态,又称"平静安宁",或"无动于衷",或摆脱烦恼。

对于"既存在,又不存在",或"既不存在,又不不存在",我愿意将其理解为一种概率化思维。承认自己无知的"近似解",比过于自信的"最优解"要好。

在围棋棋盘上，"悬搁判断"并非不判断，而是如同阿尔法狗般，面对遥远的终局和模糊的当下，用概率计算来判断，以及对随机性控制下的各种结局坦然接受。由此而得的"不动心"，正是吴清源反复强调的"平常心"。

此乃他的另一个秘密武器。吴清源说："胜负只有神明才知晓。在棋盘上尽全力作战，之后坦然接受结果，遵从'尽人事，听天命'的原则，才能够保持平常心。"他的弟子林海峰在参加自己人生的第一场冠军争夺赛时，正是靠这三个字战胜了内心的忐忑。

怀疑论的理论活动，服务于"心灵的宁静"。我无法判定心灵的宁静到底是目的还是结果，抑或就是"道"本身。我也不打算展开对比斯多亚派与道家在"接受命运"这一理念上的异同。吴清源在围棋上的天赋毋庸置疑，但在世俗世界里他格外愚蠢。谁又不是凡人呢？

他幸运地出生于大户人家，却正好赶上家道败落。年仅11岁时，吴清源便开始靠下棋养家。他"不懂规矩"地赢了段祺瑞，又不得不站在门外大喊："请给我学费。"千辛万苦东渡日本，吴清源每天都生活在"下不好就被赶回去"的阴影之下，连他的哥哥与母亲都总在担心："万一输了怎么办？"16岁时，刚刚立稳一只脚，吴清源就将三个妹妹接到东京，安顿好全家。什么围棋，什么艺术，压根儿就是混口饭吃。职业棋手，兼具了街头卖艺人的羞辱与地下拳击手的残酷。

如罗大佑所唱：

每一步都和命运比执着

每个人都是时代因果

谁有勇气活成一段传说

在惊涛面前就敢说洒脱

不想在浪花的悬崖坠落

就只有朝着彼岸颠簸

谁不甘心像蚂蚁苟活

就有天大理由赴汤蹈火

迈向漩涡

还有什么

舍不得放手一搏

所以，宁静，或许是乱世少年唯一的求生之道。既悬搁判断，又勇往直前；既接受命运，又翩翩起舞。如果没有乱世颠簸，没有不确定性背后无法承受的命运可能性，宁静会独立存在吗？

在吴清源战斗的一生中，吸引我的，不只是他最终用棋艺和不自知的哲学境界征服了对手，还有关于他命运的样本实验。围棋的一盘棋，像是浓缩模拟了一个人一生之生死。这倒是棋手的幸运之处，可以经历很多个"生死"，仿佛树的四季轮回，如同道家对"时间以连续的链环联结起来"之理解。

回忆起自己波澜壮阔的擂争十番棋，吴清源这样回忆："能够在擂争十番棋中一路获胜，乃是因为我诚实地接受了自己的命运，拼尽全力地奋斗，于是掌管胜负的神明认可了我的努力。这是我最大的骄傲。"

吴清源在儿时曾被母亲带去看相，看相的人说："这孩子到30岁后会在水中殒命。"

31岁那年，吴清源被"教主"玺光尊指使，准备搭乘军用飞机前往"满洲"。出发前，因为偶然事件，未能成行。之后，吴清源原本要乘坐的那架军用飞机在途中坠入日本海，机上全部人员葬身海底。

20多岁时，吴清源染上肺病，差点儿死掉。二战期间遭遇大轰炸，他险些葬身火海。47岁那年，吴清源被摩托车撞飞，又掉在摩托车上，被拖行了几米才滚落到路边。从此，一代棋圣仿佛突然失去了神秘力量。当他面对棋盘，意识到这一点时，彻底崩溃，以致精神失常。比赛前一天，吴清源不断向妻子请求说："你替我去参加明天的棋赛吧！"

这以后，他再也没能回到刀光剑影的棋战中。晚年的吴清源，仍然执着于围棋的研究。他认为围棋是一种艺术，又是一种生命的哲学。他进而提出："20世纪的围棋以争胜为主，21世纪围棋的核心是调和、均衡、和谐。"然而，竞技的围棋，只在乎输赢，谁还会理会一个老人的过时理论呢？人们尊敬他，传颂他，漠视他。

2014年11月30日，吴清源于日本神奈川县小田原市去世，享年一百岁。

"人类数千年的围棋下法是错的！"人们用这个标题来提及阿尔法狗之父哈萨比斯的一段讲话：

所以在过去的3000多年里，人们认为在第三根线上落子和在第四根线上落子有着相同的重要性。但是在这场游戏中，大家看到在这第37步中，阿尔法狗落子在了第五根线，进军棋局的中部区域。与第四根线相比，这根线离中部区域更近。这可能意味着，在几千年里，人们低估了棋局中部区域的重要性。

哈萨比斯年少时是国际象棋高手，对围棋只是勉强入门。他如果看过吴清源的"六合之棋"，就会知道人类早已有对围棋中腹的天才洞见。

所谓"六合"，指的是四方（东、南、西、北）和天地（上、下）。吴清源认为，棋的每一颗子必须和所有的方面相和谐，追求的是恰到好处地处于当时的位置。不只是重视中腹，六合之棋的"天地"之维度，超出了棋盘平面的二维世界。

他解释说：子是有厚度和重量的。所谓棋的厚与薄，外势与实力,实质上与时间有关。围棋很有趣:棋子并不具备可移动性(除非被吃),围棋的过去和现在是被平铺在一个坐标化的棋盘上的。而对未来的计算和决策,基于已知,同样将被平铺于此。

我在《人生算法》里,说人生像是很多个切片连起来的。围棋则像是将这些切片层层叠放在一起。

斯皮茨纳格尔在谈及自己的"迂回投资战略"时,强调"对时间进行深入思考"——改变认知维度,从当下改为中期,从即期改为跨期。他用"景深"来比喻这个新的视角,这是时间的景深,而非空间的景深。在斯皮茨纳格尔看来,"长线思维"是陈词滥调。长线是远视,短线是近视,景深介于二者。

就像吴清源之"六合",又或是道家之"时间以连续的链环联结起来",斯皮茨纳格尔投资理论中的跨期,包含了一系列的"当下"时刻,环环相扣,像一支伟大的乐曲,或者一串珠子,又或者,像吴清源那远远超越时代的生死对局。

就像他下的棋,吴清源的一生,看起来是柔弱的,却又是反脆弱的。

斯皮茨纳格尔在他的书里,特别提及了"以柔克刚"。这位神秘的基金经理还是个太极拳爱好者,深深迷恋其中的"以退为进"。

吴清源在棋盘上的控制力与人生中的失控形成了某种反差,背后似乎又是相通的。他以棋为剑,与生求善。

谁的一生,不是暂时"悬搁"于时空之网上的短暂瞬间?而不曾战斗的一生,又如何获得真正意义上的"宁静"?

纳斯鲍姆在《善的脆弱性》一书中写道:"尽管人类生活的种种可变性、偶然性使得赞美人性变得大为可疑,但在另一方面,从一种尚不明朗的角度上说,又正是这种偶然性才值得赞美。"在一次访谈中,她说:"成为一个好的人,就是要有一种对世界的开放性,一种信任自己难以控制的无常事物的能力。"

什么是好的人?我似乎可以在综合了棋圣与凡人的吴清源身上,发现纳斯鲍姆给出的定义:"好的人,是一个勇敢地面对自己作为人类存在者的真实处境,不断地追求人所特有的价值的个体。"

好运，是薛定谔的波函数

不确定性，是量子世界观和经典世界观的本质区别。

当我们掷色子时，概率描述的是人们对真实世界的无知以及对现实描述的不完全性，这是经典世界的不确定性。而在量子世界里，波函数是描述微观尺度范围内物质行为的函数。大多数科学家认为这是一种数学描述，但也有人认为波函数是微观物体的真实存在。事实上，连发明者薛定谔也说不出波函数的本质是什么。所以，在量子世界里，不确定性是某种本质。

所以，简化而言，在牛顿的眼中，真实世界是客观存在且确定的，不确定的是我们的观察；而在哥本哈根诠释中，客观而确定性的真实并不存在，存在的只是我们的观察。

如同我喜欢的那句忘记了出处的名言：大自然向我们呈现的真相，取决于我们叩问它的方式。

这会令人陷入虚无的沮丧吗？并不会，"自然诗人"费尔南多·佩索阿在《我们唯一的财富是观看》里写道："因为我是我观看的尺度，不是我高度的尺度……"

将"好运"与不确定性和量子力学扯在一起,绝非是要以科学玄学路线,来逃避本书多少要承担的"如何找到好运"的责任。恰恰相反,我想撕去那些贴纸式的关于好运的解释,直奔不确定性的内核。

在本章看似天马行空的叙述中,指向这个世界上对运气带来的结果最严苛的几个领域,包括围棋、投资、AI、生存。然而,好运从来没有具体的方法论。如果非要有,也只能是"心法"。以下,是心法的6个"心"。

1. 平常心。围棋是残酷的智力游戏,呕心沥血折腾一局,最后以半目定胜负。其中,多少靠实力,多少靠运气?吴清源的秘密是:"胜负只有神明才知晓。在棋盘上尽全力作战,之后坦然接受结果,遵从'尽人事,听天命'的原则,才能够保持平常心。"

2. "童心"。作为专家系统的 AI,稳固、可靠,由精确切割的知识砌砖构建,每一块石头都是人类专家精心雕琢的结晶,却只能按照预设的模式运作,无法适应流水的变幻和自然的波动。

而联结主义 AI,由无数微小的水流、沼泽和生物网络组成。这里的水流无常,路径多变,正如联结主义 AI 中的神经网络,它们通过不断学习和调整,适应环境的变化,虽然不如大坝那般稳固，但却拥有探索和适应的能力。就像童心未泯的孩子，它们拥有无限的可能性，充满了创造性和灵活性。哪里会有比童年更多的好运呢？

3. 勇敢的心。按照丘吉尔的观点，勇敢会让好运加倍。他是这样说的："一个人绝对不可以在遇到危险的威胁时，背过身去试图逃避。若是这样做，只会使危险加倍。但是如果立即面对它毫不退缩，危险便会减半。"如果你要制造好运，就必须不被恐惧控制。如约翰·洛克所言：你担心什么，什么就控制你。

4. 良善之心。不知从何时开始，好人未必再有好报，强者文化成为主流。事实上，善良可能是某种进化的结果，因为只有当人类社会实现了富足，在生存条件上出现了冗余，才可能有丛林社会所不具备的善意。所以，良善之心称得上是幸运者的"炫耀"，就像孔雀"无用"的大尾巴。善良的人对世界保持开放性，对不可捉摸的运气充满信任。

5. 柔软的心。作为一名园艺爱好者，我能从植物那里感受到柔软的智慧，以及花园独有的对好运的包容与培育。美国作家迈克尔·波伦在《杂草、玫瑰与土拨鼠》一书中写道："或许有园艺天赋的人在打理花园时具备消极感受力。在自然的不确定面前，他沉着冷静，游走于自然的神秘之中，并不觉得自己需要操纵什么，或是寻求解释，或是拥有一劳永逸的解决方案，在客观世界的纷纷扰扰中感到快乐。"

好运不是做出一个板凳，而是耕种一片花园。花园不是一天建成的，你的投入和产出并不成正比。起初，你付出较多，回报较少，甚至没有回报。过了某个临界点，植物开始加速生长，快得像青春期的孩子。一个好花园需要规划，也需要接受其随机性，有些种子种下未必一定发芽，而有些你已经忘却的小苗却能带来惊喜。

6. 开放的心。在一个充满不确定性和随机性的世界里，保持一颗开放的心是至关重要的。正如物理学家理查德·费曼所说："我认为自己可以负责任地说，没有人真正理解量子力学。"这种对未知的接受和对不确定性的开放态度，是探索新领域、接受新挑战和把握新机遇的基础。开放的心态使我们能够看到常人看不到的可能性，听到常人听不到的声音。它鼓励我们去追求那些看似不可能的目标，并在这个过程中找到"好运"。开放的心不是对世界的盲目接受，而是一种主动探索的姿态，它让我们能够在生活的波动中，找到自己的航向，最终引领我们到达意想不到的美妙彼岸。

既然本章以围棋开头,不如我用围棋里一个格外重要的概念来收尾,那就是大局观。

好运本质上是大局观好的结果。这种大局观体现为:要么是因为一个人一直很聪明地停留在自己有优势的领域,要么是因为他尊重常识、情绪稳定。现实环境变量极多,外加人类社会的游戏规则,一个大事不糊涂、小事不精明的人,也能通过做模糊的正确的事情,实现持续的好运。

第 2 幕

空间
无以叠加

未来可能性的叠加

我们总是想要更多的钱，部分原因是，钱、物品是可以叠加的，即使边际效应会递减。许多东西并不能叠加，例如，你有好几部手机，可你从手机得到的好处，几乎不会大于其中最好的那一部。

我从一个非一夫一妻制国家的朋友那里，也听到了类似的关于多配偶的感慨。这是《唐伯虎点秋香》里唐伯虎有那么多如花似玉的老婆却不幸福的原因。

应急手机则是通过其小概率状况下的差异化来实现其价值。例如一部苹果、一部华为，一部移动一部联通，一部信号不好的时候换另外一部。

又例如，光速与任何速度叠加依然是光速。如果有人在光速飞船上跑步，那他的速度会超过光速吗？并不会。

我们的经验是，如果你在一个以 20 千米 / 小时速度行进的火车上，以 20 千米 / 小时速度向前扔一个苹果，那么这个苹果相对地面的速度是 40 千米 / 小时。

然而，这种速度叠加方法，只是相对论的近似，仅适用于速度远低于光速的牛顿世界。相对论给出的速度叠加公式如下：

$$W=\frac{u+v}{1+\frac{uv}{c^2}}$$

如上，在速度远低于光速之时，$w\approx u+v$。

当我们来到亚光速环境，就不能忽略掉分母里的那个因子了。叠加有时候是以乘法来实现的，例如复利公式：

$$F=P(1+i)^n$$

最近看到一个好玩儿的问题：全世界所有人的头发数量相乘等于多少？答案是零。因为只要有一个人没头发，这一串相乘的积就是零。所以，不知多少富豪因为这个乘法叠加而财富归零。

小赌徒是一点点被割光的；而大赌徒是经常赢，长期赢，有时还赢很多，然后因为一把（看似小概率的）巨大的输而被割光。

再回到我们每个人的现实世界。对个体而言，不能叠加，是由于空间和时间对个体而言的唯一性。就空间唯一性而言，一个人无法同时睡两张床——除非是坏了的上下铺。聪明人想："我无法同时睡两张床，那我可以在不同时间睡两张床。"这就是人们对于度假屋的幻想。然而，海南大量的空置度假屋告诉我们这只是一个幻想。就时间唯一性而言，正如海明威所言："人生最大的遗憾，是一个人无法同时拥有青春和对青春的感受。"人类在奇点到来之前，注定是一种只能寄居在时间之"点"上的浮游生物。

那么，可以叠加的是什么？仍然是时间和空间，以及基于时间和空间的可能性。

可以叠加的时间，如普鲁斯特的似水年华——时间与时间的叠加，发生的时间与未发生的时间的叠加，时间与气味的叠加……时间被叠加，被展开，被用虫洞装订起来。

可以叠加的空间，则似未发生的平行宇宙与现实，即未来的不同可能性。在《星际穿越》里，12位宇航员同时出发去找寻外星殖民地，这是用空间的叠加来应对时间的不可叠加。这有点儿像一个人去赌场玩儿扔色子的游戏，他有机会扔12次，也可以选择让11个朋友帮他，大家一起各扔一次。

"可能性事件"的空间，更像是一种隐喻。我喜欢的一个关于未来的诸多可能性的模型来自不可移动的树木。具体而言，是树木向上生长的样子。尽管人们喜欢用树木的生长来形容人的成长，但从形态上来看，树木具有人所没有的开放性，以及叠加性。

人的未来的诸多可能是不可见的，至少是我们的双眼和大脑无法直接洞见的，需要等时间来揭晓。树的未来的诸多可能，就是其许多个向上的树枝。大多数树木，尤其是在其早期，树枝向上生长,并不局限于一种可能。

树枝有点儿随机地、发散地向上,它同时探索多种可能性,并令这些可能性在物理空间中并存。人所没有的"多种可能性"并发,树有。对树木而言,多种可能性被叠加在一起,仿佛多个平行宇宙的共存。这正是树的奇妙之处:叠加时间、空间,以及未来的诸多可能性。

对人而言,相似形态的只剩下象征意义的头发了。当然,还应该包括大脑神经元,以及由很多人形成的组织。

时间来到 1987 年,那时的微软市值只有现在的万分之一多一点儿,在 IBM(国际商业机器公司)的阴影下求生,像一株小树苗。多年以后,在商学院课程和成功学教材里,人们都在讲述盖茨如何以 Windows 操作系统一举跃至浪尖,哪怕其间微软起起伏伏,现在仍是地球上市值最高的公司之一。

事实并非如此。人类是生活在时间流中的三维动物,未来的可能只是一种假设,平行宇宙也没法用期望值计算来简单叠加。现实似乎不可撼动,却又晦暗不明。盖茨选择了向树学习。年少的微软同时向上伸展出 6 根枝干:

- 继续投资 MS-DOS;
- 把 IBM 当作真正的威胁;
- 参与 Unix 的联盟游戏;

- 收购个人电脑 Unix 系统最大卖家的大多数股票；
- 继续投资应用软件；
- 将主要投资放在 Windows 上。

树的向上生长的多样性，并非杂乱无章，而是遵循阳光、重力和生长素的基本作用。微软当年的 6 根枝干，其阳光、重力、生长素，是盖茨设立的一个高层次愿景：成为领先的个人电脑操作软件公司。

即使是对的事情，想要做对也充满了不确定性。这种不确定性，不是因为看不清未来，而是连未来自己都不知道自己在哪儿。所以，盖茨和树一样，"创造了一系列有可能朝着这种愿景进化的战略实验组合"。①

可是，绝大多数人无法理解"未来可能性的叠加原理"，以及当人们回望，只能看到当事人"成功剪枝"之后的景观与传说。

---

① 该案例来自《财富的起源》。

以概率为主角的狂欢

最近我喜欢上了杂木花园。杂木从样子看介于大树和灌木之间，茂盛，轻盈，多个主干蜿蜒向上。杂木花园尤其需要修剪，在向上的许多种可能中，园艺师从审美的角度留下一些，剪掉另外一些。

于是，杂木的美混合了树的秩序与随机，以及人的审美和修剪。可是，对于后来看到这棵树的人，并不知道树的生长过程和修剪过程。人们甚至可能看不出修剪痕迹。又或者，人们会过于将杂木的美归功于园艺师。

例如人们对乔布斯的"简单"的迷恋。乔布斯像一个手艺高超、下剪残忍的园艺师，然而人们对他的"剪功"的误读，仅次于对他的"追随自己的内心"的盲从。早年的苹果，几乎做了微软所做的所有事情，外加做各种硬件。面对过于繁杂的上百个枝干，重返苹果的乔布斯挥下剪刀，只留下四根枝干。

问题是，对于绝大多数公司和绝大多数人而言，所有的枝干加起来也不够四根。你无法修剪你并不拥有的东西。可能性，是一个人可以拥有的最宝贵的东西之一。所谓希望，就是人对自己

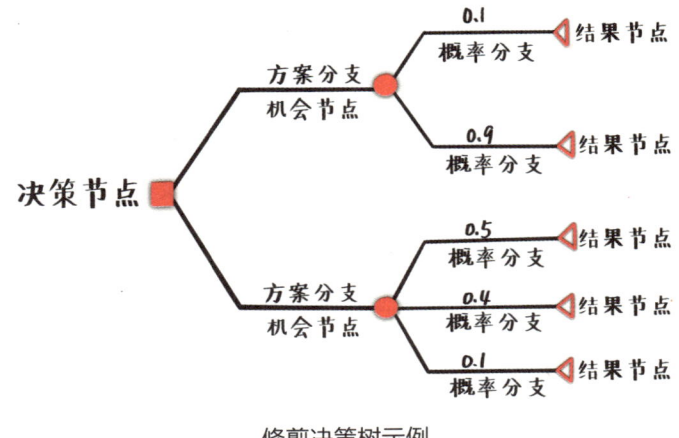

修剪决策树示例

拥有的可能性的主观判断。

  我喜欢杂木花园，亦是自己对时光的某种希望。杂木庭院，是日式的自然风庭院。"杂木"，一指种类多，二指有别于针叶树、阔叶树。森林里的树木，为了争抢阳光，一心向上求生，少了植物所特有的那种并发性。而杂木花园里的树形，则从容而飘逸。它们弥漫开来，仿佛可以让时光也顺着这蜿蜒而减速。

  我盖了栋房子，打算不再搬迁，再打造一个杂木庭院。我要求设计师做到"历久弥新"。我希望房子不会因为岁月而失去什么，不会起初很新但不耐久，不会起初很富丽堂皇但不久就败落，不会起初很潮流但很快就过时。我想要这栋房子不仅耐得住时光，还因这时光越发醇厚。它牢固，但并非刀枪不入。它不介意氧化、残缺、雨痕，反倒以岁月的痕迹来积淀岁月本身。房子本身像是一棵树,那些瞬间的永恒成为生长的枝干,层层叠叠,散发着森林的幽香。

过去的二十多年里,我几乎总在搬迁。看起来越搬越大,越换越好,其实是在无以叠加的时光里流浪。我羡慕那些真正被某个城市收留的人,渴望有一个对自己而言能永久收容记忆的居所。但是否恰恰因为这流浪,幻想的种子才得以残留于时光溪流的石缝中?于是,我在现在的院子里种下很多树,夹杂着期待,以及尚在减速中的"太急"心态。

杂木不仅叠加未来的可能性,也积淀过往的已发生。一个动人的杂木花园需要花上十几年或者更久,长满苔藓、枝繁叶茂,小径上石板的残缺融入周围环境。四季变化,花红柳绿,蜂鸟悬浮,瓜熟果美。当你步入其间,过往的记忆,当下的体验,未来的可能,似乎都被叠加在一起了。

在危险中,那海参把自己分割成两半:它让一个自己被世界吞噬,第二个自己逃逸。它暴烈地把自己分成一个末日和一个拯救,分成一个处罚和一个奖励,分成曾经是和将是……

在希姆博尔斯卡的这首《自切》里,这位波兰女诗人依然是在一个线性时间的三维世界里,揭示了灵魂与肉体、留名与遗忘的双重性。海参通过肉体裂开一个豁口,将身体分成两个自己。

这似乎是人类羡慕且试图在元宇宙里来模仿的超能力。

在时间与空间的唯一性的幻觉里，我们常常会有一种对于命运牵引的疑惑：人生真的会有所谓的节点？节点上真的会有所谓的分支？当我选择了向左行走，右边的小径消失在哪里了？这个世界对微不足道的我的微不足道的选择是不是压根儿无动于衷？

在概率的平行宇宙里，也许我们就是一只能将自己分为很多个的海参，有些是沿着时间叠加，有些是沿着空间叠加。

沿着时间叠加

某对夫妻第一年生了一个孩子，女孩的概率为1/2；第二年又生了一个孩子，女孩的概率为1/2。那么两个孩子都是女孩的概率是 $1/2 \times 1/2 = 1/4$。这个简单的乘法，背后蕴含着关于可能性叠加的种种令人迷惑之处。

这类沿着单向度的线性时间所叠加的概率，只能应用于未来，并且经常因为样本量不够大而"不发生"。例如，赌徒谬误。一枚标准硬币连续五次朝上的概率是1/32，是5个1/2的叠加；而当一枚硬币连续扔四次正面都朝上，第五次的概率与前四次毫无关系。

例如，有个笑话：某人害怕飞机因炸弹失事，于是他自己带了一个炸弹上飞机。其逻辑是，假如飞机上出现炸弹的概率是万分之一，那么同时出现两个不相关的炸弹的概率是两个万分之一相乘等于亿分之一,所以自己带一个炸弹会降低遇到另外一个自己无法控制的炸弹的概率。

概率本来就诞生得很晚,概率的叠加更是我们那养成于原始森林时代的大脑所无法直观感知的。赌徒谬误和炸弹笑话是有趣的隐喻,它们告诉我们与选择有关的决策,只与未来有关。决策树是为明天而修剪的。

以上是时间维度,再说说空间维度。

沿着空间叠加

一个正常色子掷出某一面的概率是 1/6,掷出偶数的概率是 3 个 1/6 叠加,等于 1/2。人们需要借助概率来感知"可能性"。概率的公理化定义看似非常简单,但却直到 1933 年才由安德烈·柯尔莫哥洛夫给出。

也许我们可以借由树来感知抽象的概率世界:向上的枝干是未来的可能性,也是你的选择权;你必须残忍而果断地修剪,否则会害了整棵树;眼下看起来最好的那个枝干,也许只是局部最优陷阱。所以,你应让更多的枝干再长一会儿;人或企业的第二曲线,大概率是第一曲线的延伸,但也可能是另外一座山峰。

世俗世界的概率叠加,比哥本哈根派的"波函数坍缩"更令人疑惑。爱因斯坦无法接受鬼魅般的超距作用,更不愿意相信所谓"既在又不在"。

在量子力学里，双缝实验是一种演示光子或电子等微观物体的波动性与粒子性的实验。该实验令人疑惑之处是，单独电子似乎可以同时通过两条狭缝，并且自己与自己干涉。那么，电子是穿过左边的狭缝，还是穿过右边的狭缝？对此，费曼只是给出了路径积分的数学描述。而"哥本哈根诠释"则认为：

当我们未观测时，它的波函数呈现两种可能的线性叠加。而一旦观测，则在一边出现峰值，波函数"坍缩"了，随机地选择通过了左边或者右边的一条缝。

对科学的爱好往往将人带往三条不同的路径：科学，文学，玄学。尤其是量子力学。与其如此，不如让我们抽身回来，来探寻这个俗世的"双缝实验"。

赌场对人的最大诱惑之一，就是即时"坍缩"。赌场里下注，可以立即见到结果。将此总结为即时满足并不精确，赌徒获得的其实是与概率共舞的幻觉。现实中，概率总是躲在暗处，你付出未必有回报，耕耘了很久才会见结果，你不得不在晦暗中前行。

赌场提供了一个人生加速器，就像人们看电影或者小说，会好奇地问："后来呢？"赌场对赌徒说："想不想知道你此生的命运？我现在就来告诉你。"有多少人能够拒绝这种剧透的诱惑？

绝大多数人都很难身负"概率"前行。人们宁可死个明白，也不要叠加不确定性。这是人对不确定性的极端厌恶，是人性的一部分。行为经济学的许多实验表明，不确定性会让一个人的决策变得愚蠢，变得非理性。

于是，套利机会出现了。这也算是概率权的一种：一个人如果能够在多种可能性的概率叠加中从容生活，冷静决策，那么他将获得更多优势和回报。

马斯克数年前在中国演讲时说自己创立的火箭公司的成功概率最多只有10%。难的不在于为什么要做小概率成功的事情，难的也不在于做正确但艰难的事情，难的是如何理解这10%？这10%的信念世界是如何存在并叠加于我们的现实世界的？

马斯克推崇物理的第一性原理，他在那次演讲中不仅强调了物理学的基础，还提及量子物理是最真实的。然而量子物理很难学，不仅因为反直觉，而且需要很多数学和统计学（概率）知识，否则就会沦为科幻和玄学。所谓的高手，例如马斯克，在现实世界里，能够在被概率支配的"叠加态"中生存：以概率、期望值作为决策依据，通过聪明试错不断优化概率，从10%，到20%，再到80%，并根据概率和期望值调整下注的比例。

又例如，围棋高手擅长脱先，保留变化，从全局着眼，飘来飘去，又刀刀见血，时而让毫无希望的残子成为妙手，时而撒豆成兵，令全盘棋子叠加出想象不到的大模样。对于这类人，平行宇宙是存在的，"既左又右"的叠加态是存在的，"既输又赢"的事情同样值得全力以赴地去做。尤其是，考虑到人类群体社会的文化属性，这个叠加态的平行宇宙，还会吸引更多的移民迁徙而来，由此获得了物理学以外的概率提升和资源投入。

底色悲凉和天性乐观、意志坚定是高手的人生叠加态。

人生需要"串联 + 并联"

表面来看,人的一生偏向于串联,树的一生偏向于并联。其实,人生的叠加态是串联与并联的混合。

18650 是索尼公司当年为了节省成本而定下的一种标准性的锂离子电池型号。之所以叫这个名字,是因为:18 表示直径为 18mm,65 表示长度为 65mm,0 表示圆柱形。这种电池被广泛应用于各种数码产品,比如笔记本电脑和充电宝。在拼多多上不到 5 元钱可以买一节这样的电池,理论上你买 7000 节就可以去动手组装特斯拉电动车的电池了。

早期的特斯拉 Model S 系列车型,其看似非常高大上的电池组板,就是由 7104 节 18650 锂电池组成的,像搭积木一样,将这些小电池通过串联和并联"叠加"在一起。该电池组板由 16 个电池组串联而成,每个电池组有 444 节锂电池,每 74 节并联。18650 电池看起来和普通电池差不多,很不起眼,但却是最早、最成熟、最稳定的锂离子电池,其一致性、安全性有很高水准。

对比而言,如果采用层叠式锂离子电池,虽然可以大幅降低电池基本单元的数量,但却要面对成熟度与一致性的挑战。层叠式锂离子电池单个体积更大，如果一致性水准不够，对电池串、并联形成的电池组的管理也更难。对18650电池的应用，不仅是通过成熟锂电池串联、并联的叠加积少成多，还在于通过电池管理系统所形成的整体稳定性，包括分布、控制、冷却、安全等。

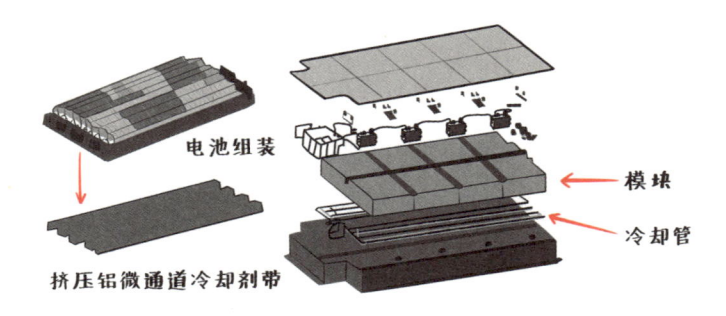

电池组装
挤压铝微通道冷却剂带
模块
冷却管

行文至此，我突然发现了一个秘密：经常彼此嘲讽对方的马斯克和巴菲特，其实是一类人。巴菲特说，自己喜欢找很多个容易跨越过去的1英尺①高的横杆，而非一个6英尺高的横杆。马斯克似乎喜欢相反的事情，让人类成为多星球物种，这何止是6英尺的难题。他嘲讽巴菲特只会分配资金，卖卖糖水。

可是，马斯克关于新能源车的星辰大海，始自18650电池的叠加，这不也是许多个1英尺高的横杆？而巴菲特在漫长投资生涯中创造的奇迹，也有赖于一个特斯拉电池管理系统那般的投资系统，绝不只是"在一张纸上打下20个孔"那么简单。

---

① 1英尺≈30.48厘米。

简单与不简单，确定性与不确定性，被叠加、黏合在一起。直觉告诉我们，牛顿力学是牢靠的，量子力学是不确定的。但爱因斯坦告诉我们，牛顿力学的速度叠加，只是一种近似的、简化的计算。即使如此，大多数人还是无法接受在某些非常需要确定性的情境引入概率。

且不说车，来看看"绝对容不得错误"的航天。在造火箭上，马斯克继续玩儿起了并联，他将自己的梅林发动机叠加在一起。"猎鹰"系列火箭梅林发动机应用"简单即可靠"的新理念，将结构设计得非常简单，以消除复杂结构带来的不稳定隐患。猎鹰9号将9个梅林发动机并联在一起，实现了"简单、可靠、低成本"。

光简单还不行，梅林发动机具备推力补偿技术，能在大范围内调整推力。2012年10月，猎鹰9号发射"龙"飞船向国际空间站运送货物时，第一级的一台发动机出现故障停机，其他8台发动机立即自动补偿了推力损失，最终成功将"龙"飞船送入预定轨道。

有时候，我们混淆了过程的"确定性"和结果的"确定性"。为什么SpaceX那么厉害？除了马斯克的商业天赋，以及技术包工头的独特优势，还因为他对概率的理解。他对工程师格外包容，要求他们"只要别把发射塔炸掉"就好了。他对不确定的失败有着惊人的承受力。他曾开心地说，最近不错，火箭飞了几分钟才爆炸。

为什么不是更厉害的科学家做成这件事？为什么贝佐斯在竞争中落后？也许是因为马斯克能够活在自己的概率叠加的理念世界里，又能够百分之百地投入现实世界。

作为一个心不在焉的人，我一直对人的离散和叠加有兴趣。在《人生算法》里，我假设人是由一个个离散的"我"叠加而成的。就像高尔夫球手会将自己的动作录下来，一帧一帧地分析要点。

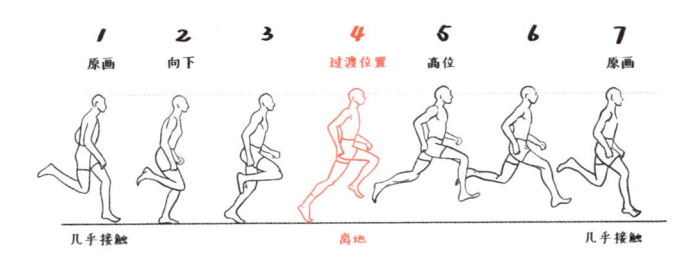

由此，我们可以想象：一个人做某件事情，甚至一个人的一生，就是由无数个瞬间的"我"串联起来的。时间则像一台电影播放机，将无数个静态图像叠加成动态的画面。

人的自我意识至今仍然是个未解之谜。自我像不熄之火，可为了形成"自我"的连贯性，人类也在认知和决策上付出了巨大的代价。人生算法的基本单元是一个个微小的认知闭环，就像18650电池，通过串联、并联构成人的一生，又或者如梅林发动机，可以并联成巨大的火箭推进器。

认知闭环的基本单元,也包括四个离散的节点:感知,认知,决策,行动。

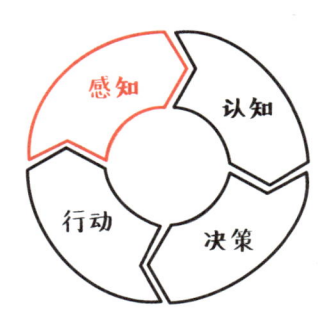

我们完成一个认知闭环,就像是四个人在进行接力赛,四个人的风格也是迥异的——好奇感知、灰度认知、黑白决策、疯子行动,因为在这四个节点所要求的风格是不同的。所以,我们可以说,所谓厉害的人都有点儿分裂,又能够将这些不同的分裂元素叠加在一起。

对于人生算法,这个认知闭环还只是基本单元,从18650电池到电动汽车,还有许多事情需要做。我在《人生算法》里,用围棋里的初段到九段设计了一个循序渐进的结构。本质上,这套所谓的体系与精益创业、演化算法、科学实验、儿童养育差不多是异曲同工的,都是基于类似的逻辑——变异—选择—复制。

创业公司的底层方法论,就是一个从小概率的创意或洞见(变异),通过快速试错和迭代(选择),发现了一个秘密,找到大概率成功的基本单元,最后大规模复制。几乎一切都是围绕时

间、空间、认知的叠加展开的,进而实现了我向爱因斯坦致敬的那个公式:

$$E = 核心算法 \times 大量重复动作^2$$

一个人的成就,来自一套核心算法乘以大量重复动作的 2 次方。这是长期主义的原则。普通人的努力,在长期主义的复利下,也会叠加成奇迹。

好运是延绵的"流"

在以上诸多貌似并不关联的领域里，我试图呈现"叠加"这一概念的碎片性和连续性。

在柏格森看来，"实体不是通过脑子的复杂构思所能达到的；在直接的经验里，实体显得是不息的川流，是不断变化的过程，只有直觉以及同情的内省才可掌握它"。柏格森号召人们把毫无生气的碎片丢到一边，"而把他们自己浸沉到事物的不息川流里去，并让这川流不可抵挡的波涛把他们的种种困难一起冲走"。

他指出："纯一性的、可被测量的时间是人为的一个概念，这个概念的构成乃是由于空间这个观念侵犯到纯绵延的领域里。"在《时间与自由意志》一书里，柏格森企图证明：

在主张决定论者和反对决定论者之间的一切讨论都表示他们曾事先把绵延跟广度，陆续出现跟同时发生，质量跟数量，混淆在一起。一旦把这番混淆去掉，则我们也许可以看出：人们对于自由意志所提出的反驳和所下的定义，甚至在某种意义上自由意志这个问题的自身，都会随着消失。

普鲁斯特从文学的视角为我们呈现了时间的绵延性，在《追忆似水年华Ⅰ：在斯万家那边》一书里，普鲁斯特对贡布雷教堂如此描述：

这座教堂在我的心目中与城里的其他地方完全有别：这座建筑可以说占据了四维空间——第四维就是时间，它像一艘船扬帆在世纪的长河中航行，驶过一柱又一柱，一厅又一厅，它所赢得、所超越的似乎不仅仅是多少公尺，而是一个朝代又一个朝代，它是胜利者。

我在本章里，自由而任性地闲逛于"时间、空间、可能性"的叠加概念：对于未来时间的叠加，以及过去时间的叠加；对于牛顿物理世界的叠加，再到量子物理世界的叠加态；从现实世界的可能性叠加，再到理念世界的可能性叠加；以及交织于"时间、空间、可能性"之间的关于叠加的叠加；甚至，我还一如既往地从世俗的角度来探寻一个人的离散性和叠加性，并毫不羞愧地将其概括为某个成功"公式"。

在我看来，一个人的使命就是当好自己这只小白鼠，全力蹦跶，尽情吃喝。人类整体命运，就是许多只小白鼠与众不同的命运的叠加。想想看，人类数千年的文明史，假如20年是一代人，一共才经历几百代而已，这壮阔的进化来自曾经并正在地球上生活的 1000 亿人的或串联或并联的叠加。

在提及我对杂木花园的爱好时，用剪枝来隐喻了决策树的修剪。我来不及顺着院中的苔藓提及"侘寂"，以及解释为什么这个与"收敛和粗糙"有关的概念影响了苹果的产品哲学。

在《三联生活周刊》谈及普鲁斯特的那一期，作者引用了卡尔维诺对我们这个时代的描述："生活在狂躁拥堵世界里的帕洛马尔试图专注和敏锐地观看世界以让自己的生活更有意义，但他失败了。"例如，即使你来到最著名的庭院，依然无法触及、渗透庭院构思者的心灵。

为什么"我们生活在一个没有花园的时代"？罗伯特·哈里森写道：

欲使花园在空间充分可见，需赋予它一种我们这个时代越来越不允许的悠远绵长的时间。处于主、客观维度关联交汇中的时间，是让园中百花缓缓绽放的无形环境。等待草木荣华，观者得花很长时间才能真正看见花园。大多数人早已失去了这么做所需的工夫和意愿，更不用说心神的专注。

不只如此，也许在马斯克的心底，火星才是最美的花园，即使迄今为止人类移民火星的成功概率还小于 1%。然而这一理念世界的景观被叠加到我们这个空洞而狂躁的俗世，令人在空无一人的夜晚也能仰望那太空里的遥远花园。

从一个轻松的视角来对本章稍加概括：就像看一部电影，打动我们的大致包括两样东西，一是作为碎片的亮点，例如主角的容颜、某个场景、某句台词、某个构图、某个概念；二是其绵延性，例如行云流水的情节、与音乐共舞的情绪涌动，以及你对主角命运的沉浸感。

桑塔格说："在时间里，一个人不过是他本人，是他一直以来的自己；在空间里，人可以变成另一个人。"可是，在我看来，假如现实如同快速播放的胶片，"那个一直以来的自己"难道不是因为残影而产生的幻觉？每个时间点上的"他本人"如同一张张照片，翻过即逝。

时间并不给人以多少周转余地：它在后面推着我们，把我们赶进现在通往未来的狭窄的隧道。但是，空间是宽广的，充满了各种可能性、不同的位置、十字路口、通道、弯道、一百八十度大转弯、死胡同和单行道。

在《土星照命》里，桑塔格提及本雅明写过"在城市里没有方向感不是一件有趣的事情"，并将本雅明与他曾翻译过其作品的普鲁斯特放在一起，说他写下的作品的残篇也许可以叫作《追寻失去的空间》。

普鲁斯特说:"生命只是一连串孤立的片刻,靠着回忆和幻想,许多意义浮现了,然后消失,消失之后又浮现。"

当《重现的时光》出现在《情书》里,已不再是简单的致敬。岩井俊二用某种东方哲学拓展了普鲁斯特的"无意识回忆",他以平淡而精密的情节,提出如下命题:

- 未曾走过的路,是否算走过?
- 未曾发生的事,是否算发生?

如果少年藤井树画在借书卡后的情书没有因为《重现的时光》而重现,那段轻如白色窗纱的懵懂之爱,会不会仍然在可能性的世界里飘浮,并与长眠雪山的他一样永远年轻?那些未曾发生的过去,因为时间的折返,因为被缺失的当事人确认未发生而"重现"了。"无意识回忆"终究还是开始工作,让人感到逝去,感到复活。

慢着,那青春岁月柔软的可能性,何以挣脱物理公式,避开概率公理,再次作为未曾褪色的"可能性","不发生"于被追寻的失去时间里?

已经逝去的"可能性"似乎被"未发生"庇护。未发生的可能性和已经发生的在"无意识回忆"里是等价的。两个平行宇宙重叠在一起,像描图的透明纸覆盖在旧时光之上,"曾经是"和

"将是"合二为一，变成"曾经将是"。

　　未来不再驱逐过去，时间没有推着我们，"可能性"无须"已发生"来参与。曾经的未发生，如同光速，不会因为参与者或者观察者的方向和速度而影响其速度。

　　时间的单位被换成了空间的单位，逝去的可能性与作为现实性的当下，共同出现在同一棵树的不同枝杈上，构建出某种类似于弦的结构，在错过的时间中拉满永恒的张力，如大地般将我们孤寂的此刻拥入怀中。

大运气是"积分",小运气是"微分"

在数学上,微分和积分是微积分的两个基本操作,它们是互为逆运算的。通过微分,我们可以知道一个函数在某一点上的瞬时变化率;而通过积分,我们可以知道函数在一个区间上的累积变化量。

微分关注的是局部的、瞬时的变化率,正如在生活中的"小运气"可能表示一个瞬间的、微小的幸运事件。积分则是将一个区间内的无穷多个微小部分(微分)累加起来,计算总的变化量,这可以类比为"大运气",即许多小幸运事件的累积效应。

以下是6个要点。

1. "小运"和"大运"。英国诗人布莱克在《天真的预言》里写道:"一沙一世界,一叶一如来;双手握无限,刹那是永恒。"即使是最微小的事物(如一粒沙子),也蕴含着整个世界的复杂性和丰富性。每一个瞬间都蕴含着永恒的价值。每个小运气(瞬间)都等价于我们这一生的大运气(永恒)。

2. 无限小的累积与持续努力。通过日常生活中的小决策和行动，能够累积好运。正如微积分通过累加无限小的部分来求解整体，生活中的每一个小选择和努力，虽然微小，但却是构建好运的基石。持续的小步伐，就像微积分中的连续性原理，逐渐累积成为引领我们走向成功和幸运的力量。

3. 变化率与适应变迁。在追求好运的过程中，理解和适应变化的速度至关重要。如微积分中的导数，它揭示了变化的快慢，教我们如何在生活中敏感地捕捉并适应每一个变化的机会。快速识别和响应周遭的变化，能更有效地抓住好运的机会。

4. 积分与整体视野。从宏观角度去审视生活，捕捉好运。微积分中的积分概念教会我们如何将不同片段、经历或信息整合在一起，构建出完整的画面。这种全局视角不仅帮助我们更好地理解生活的复杂性，也使我们能够在看似不连贯的事件中找到好运的线索。

5. 连续性与生活的连续发展。微积分中的函数连续性原理表明，在连续的区间内，函数的值会平滑变化。这可以类比人生的连续发展，强调生活的每个阶段都是连续的、不断发展的过程。

正如连续的函数没有突变，我们的生活经历也是一个连续的旅程，每个时刻都是前一时刻的延伸和发展。

6. 函数的优化与目标追求。在微积分中，寻找函数的最大值或最小值是一项重要的任务，这可以类比为在生活中寻找最佳的路径和解决方案。在追求个人和职业目标时，我们需要评估不同选择的后果，寻找最优的路径。这个过程就像在复杂的函数中寻找最高点或最低点，要求我们有策略地思考和行动，以实现最佳的好运气。

简而言之，我们应该过好每一个瞬间，又要将人生当中的关键因素串联起来。如乔布斯所说："你要坚信，你现在所经历的，将在你未来的命运中串联起来。你不得不相信某些东西，你的直觉、命运、生活、因缘际会……正是这种信仰让我不会失去希望，并让我的人生变得与众不同。"

第3幕

偶然
捕捉机遇

运气的"反事实原理"

有天早上醒来,我惊闻东航飞机失事的不幸消息。中学同学老肖在群里说:朋友儿子的女友,因没做核酸,被小伙子劝说晚点回广东,躲过这场灾难。

生死命运,冥冥之中早有定数?还是命若浮萍,只因一小股看不见的蝴蝶扇起的微风就会改变?

多年前,一位朋友突然接到学校的电话,说她的儿子在学校惹了祸。她匆忙赶去,才知道平素乖巧的孩子居然打伤了同学,处理好后,耽搁了早就订好的一家人返乡看外婆的航班。结果,如你所猜,那架飞机不幸坠毁。

命运无常。难以想象遇难者的亲属多么悲痛欲绝,又不禁感慨:亲友们平平安安地在一起已经是最大的幸福。

诺贝尔奖得主丹尼尔·卡尼曼曾设计过一个实验。

A 和 B 分别乘出租车去机场,他们都要赶 6 点的航班,但因为堵车,都是 6:30 才赶到。

A 的航班早已按时起飞,但 B 的航班却延误到 6:25 才起飞，B眼睁睁地看着自己的航班离港。(请忽略办理登机牌和飞机起飞的关系。)

请问，他们两个人，谁更恼怒？

大多数人认为B更恼怒，因为他只差一点点就能赶上飞机。但是，明明是两人都误了飞机，根本没什么差别啊？丹尼尔·卡尼曼由此提出了一个概念：反事实思维。

事实上，让B更恼怒的并不是晚到机场这个事实，而是反事实：他差一点儿就登机了，而且失去了飞机延误给予的弥补机会，所以很恼怒；A差得比较多，并且也没有飞机延误给予的机会，所以没有那么恼怒。

人用"反事实"而非"事实"来决定心情，似乎是奇怪的事情。例如，研究者发现，奥运会上得了银牌的运动员比得了铜牌的运动员更难过。因为得了银牌的"反事实"是"差一点儿得了金牌"；得了铜牌的"反事实"是"差一点儿什么奖都得不到"。前者是"上行反事实思维"，后者是"下行反事实思维"。

反事实思维是人的一种高级思维，深深影响我们的判断、决定和情绪，对人类做决策至关重要。

面向未来的反事实，通常是"如果……会怎么样"。这类积极思维帮助我们进行因果推理，进而改变未来。面向过去的反事实，通常是"要是……就好了"。这类消极思维经常让我们陷入懊恼，而忽略了朝前看的乐观和机遇。

很多时候，"只差一点儿"也许只是个幻觉。例如，彩票亿元头奖的中奖号码是 314159，你的号码是 314158。貌似仅差了一个数字，但其实这个"差一点儿"的号码，和其他所有没有中奖的号码一样，并没有特别之处，在数学意义上是平等的。可我们的大脑和情感并非数学机器。"差一点儿"的反事实，是现实世界和文艺作品的喜怒哀乐之源。

2010 年，任正非在国外出差，他突然想给母亲打个电话，又怕母亲担心，就想着回去再打。结果他接到电话，说他母亲出门买菜，被车撞至重伤，不久便辞世了。任正非说这是他一生中最大的憾事，从此以后，他都要在一个无法自拔的假设中煎熬着："如果 8 日上午我真给母亲打了电话，拖延她一两分钟出门，也许她就会躲过这场灾难……"这是一个心碎的故事。

也许每个遭遇如此飞来横祸的家庭，都有类似的"反事实假设"。就像《蝙蝠侠》里少年韦恩的噩梦：假如他不因蝙蝠恐惧症走出戏院，父母就不会被抢劫犯枪杀。在某种意义上，他是不是也算凶手之一？又比如，某人要赶联程的国际航班，结果仅仅晚了不到一分钟，不得不取消所有的航程，并重新购买机票。我不得不承认，这是自己的亲身经历。

那么，是不是可以说，此前的每一分钟，都可能成为这"迟到"的一分钟的原因？如果早起一分钟，机场高速上快一分钟，在机场里多跑几步，就不会迟到了？抑或因此避开了更坏的宿命？压死骆驼的最后一根稻草，是真正的凶手吗？还是说此前的每一根稻草都要为此负责？

"世界上有那么多城市，城市里有那么多酒馆，你却偏偏走进了我这一家。"若不如此偶然，故事又将如何展开？一切又将怎样逝去？

现在，请你来做一个实验。倘若如上所述，一个微不足道的"反事实"就可能改变一个人的命运。那么，你现在能否尝试一下，做点儿什么面向未来的"反事实"，来干预自己接下来的命运？

也许你会发现这很难。你可以做些什么呢？给一个久未联系的朋友发条消息，开始学一样你向往已久的乐器，终止某个恶习，养一盆能活很久的榕树……一切仿佛是朝波涛汹涌的江水里扔下一颗石子而已，你被时代的浪潮裹挟，"此刻试图改变些什么的你"被"组成命运的无数个你"裹挟，滚滚东逝，纹丝不动。

即使你真做出了某样惊人的"反事实"，即使朋友们为此愕然之极，你对命运的改变也是命运的一部分，反事实成为事实。你成功或失败，如意或不如意，别人都会感慨："你看，这个家伙果然命该如此。"要是她晚出门一分钟，要是她和邻居少聊几句，会不会避开那场发生在一秒内的致命车祸？

对个体而言，发生车祸是随机事件，但一个城市每年的车祸数量则呈现相对稳定的结果。2017年美国因车祸死亡的人数是

37133 人，2016 年这个数字是 37461。为什么这两个数字如此接近，难道死神也有 KPI（关键绩效指标）？

大数定律冷酷地依照系统，像扔色子一样，得出一个稳定的数字。这个数字，并不因为遇难者家属"如果……就好了"的伤感而改变。一片森林出现火灾的次数，一个国家新生婴儿的数量，一个地区晴朗的天数，等等，这些事件重复出现的次数，都会在一个稳定的区间内波动。假如不介意情感上的宿命论，那些概率数字里的逝者，是替另外一个概率数字里的生者而死，尽管他们素不相识。

决定一生的是偶然，还是必然？

我们感慨万千的偶然性，在费曼看来，只是随机性作用下的巧合。你看见一个"12345678"的车牌号，并不比"15923769"的号码更"巧"。假如有一天你在街头随机看见了两辆车，一个号码12345678，另一个是69696969，你一定会惊讶于这种极低概率如何得以发生。

你之所以惊讶，是因为这两个数字非常"有序"，但极可能有另外两个你认为并不巧合的车牌号码，其实有着别的稍微隐蔽的"有序"，而且也更为"巧合"。由此可推断，令人惊讶的巧合或许无处不在。

"巧合"的背后是"目的"之假设。就好像是有人刻意将两组"有序"的数字摆在了一起。然而，热力学第二定律告诉我们，也许一切变化本质上只是自发衰减的结果。人类擅长发现模式。人类对于因果的痴迷，以及个体强烈的目的性，包括不自知地被"自私的基因"作为繁衍载体的目的，以及自我觉察的分布于"马斯洛的不同需求层次"间的目的。

进而，我们将"目的论"扩展到无尽的宇宙，试图去找寻万物的设计者，去发现人类存在的目的和意义。然而，这种叩问毫无回应，万物静默如谜，只因那瑰丽的宇宙存在，并不需要目的，也不依赖解释。

仰望星空时的虚无，俯瞰生存时的逼仄，每每令人疑惑。决定一生的，到底是偶然性，还是命中注定？我们总是选择之后才找理由，行动之后才去解释，做了之后才自圆其说。很可悲，我们几乎没有主动地"存在"过。或许是因为，我们错误定义了"反事实"的概率空间。

《非理性的人》的开篇引用了克尔恺郭尔曾讲过的一个故事：一个对自己的生命心不在焉的人，直到他在一个阳光明媚的早晨一觉醒来发觉自己已经死了，才知道他自己的存在。

加缪所说的那个唯一的"真正严肃的哲学问题"，或许也算得上一个"反事实"的思想实验：假如我们明早醒来发觉自己死了，我们将如何触及自己的存在之根？

飞机遇难的新闻带给我们的触动，是他人的不幸与人们的同理心交织作用下的"反事实"沉思。无论我们是谁，无论性别，无论贵贱，我们的生活的"反事实"，都不是"她比我更有钱"，也不是"他在毛伊岛有一栋海边度假别墅而我没有"，所有活在世上的人的"反事实"都是一样的：在某个被朝霞雨露轻抚的清晨，你不在了。

人们每当用掺杂着不可救药的目的论去思考自身在宇宙的

存在时，就会惊讶于生命何以在地球上诞生，这个宇宙间的过程只要稍微出一点儿差错，就会前功尽弃。哪怕只是月球对地球自转轴倾斜角度的"守护"略有变化，所有生命的存在也都毫无希望。对每一个生命而言，那一路的彩虹都为其升起，太阳为其燃烧，引力为其当牛做马，原子（或更小的粒子）为其搭遍了积木。

然而，所谓"人生除了生死全是儿戏"的感慨，往往比新闻的时效还不耐久。欲望、恐惧、贪婪将人类驱赶到一片极其狭小的沙漠深处。无所不能的科技要么试图将我们引入存在的幻境，要么打算仓皇离开这个早晚要被人类自己毁掉的星球。

电影《永恒族》借长生不老的外星人追问：假如永远不死，假如每次重生都以抹去记忆为代价，那么还有自由意志吗？我们还"存在"吗？

雅斯贝尔斯的回答是："刹那是时间性与永恒性的一致，它使实际的一刹那深入永恒的现实。"

在当今这个失焦的时代，曾经自觉无所不能的世界突然遭遇了一连串的"百年不遇"。也许我们该放弃预测，别再奢望回到从前，从宏大叙事的狂欢，转向关注微不足道的个体命运，去感受那些被忽略已久的存在，并见证其在整个宇宙间之作为不可思议的"反事实"。

巴雷特在书中着重提及了布贝尔的主张："生活的意义只发生在这样一种个人与个人的区间里。在这个区间里，他们处于一个人总可以对作为他人的'你'说'我'的这样一种交往情势中，这样一种思想是值得毕生发掘的。"

你我隐约觉察的时间之河的转折，也许是真实的，也许历史原本如此。假如我们依然相信探索永恒是值得的，假如宇宙的生命与我们的生命比例已经构建了某个相对永恒的场景，哪怕时间也许是虚幻的，那么雅斯贝尔斯的如下主张，也许仍可聆听：

只要我还活着，我就要尽最大努力，虽然我不知道我能得到什么，但我必须积极行动，有了充实的今天，才会有明天。只要我们今天做了我们力所能及之事，我们就可能拥有明天。

作为一名精神病医师和哲学家，雅斯贝尔斯认为人之生存不可能不分裂，例如理智与情感的分裂，灵魂与肉体的分裂，责任与意欲的分裂。在我看来，这是一种类似于剪刀的结构，又或是如弓一样在张弛之间形成了生命存在的张力。

雅斯贝尔斯相信人能克服并超越自身的分裂，其目的不在于成功，而在于追求，并由此显现对自身的认识。他说："唯有具有这一积极、能动的理性的人，才能超越自我。超越意味着未来，意味着永恒。"

天才的好运哲学

梅西几乎是球场上奔跑最少的球员，柔弱气质也掩饰了他的"杀手"本色。多年以来，梅西在球场"散步"，一直是某些"专家"的批评目标。事实似乎的确如此：在某次重要比赛上，梅西在 90 分钟内仅跑了 5 英里（约 8 千米），并且 83% 的时间是在"散步"，只有 1% 的时间用于冲刺，但他却贡献了 1 个进球和 1 个助攻。

在同类足球明星里，梅西跑动最少。然而，他在进攻端是"史上最全能和最强大的球员"。这意味着他不仅是射手，还是领导者。例如卡塔尔世界杯阿根廷对阵荷兰，梅西面对多人防守，佯攻中诡异地送出精准直塞，队友莫利纳禁区内插上射门得分。也因此，阿根廷队显得比以往更加团结，整体性更强。而足球正是一种由耀眼的星光牵引着的大局观游戏。

何谓天赋？何谓天才？

叔本华说："有天赋的人击中别人击不中的靶子，天才击中别人看不见的靶子。"

有些球员极具天赋，能够达成别人无法把握的射门；有些球员则是天才,能制造并实现看不见的射门机会。

梅西踢球好看的原因之一,在于其想象力,以及制造意料之外的射门机会的戏剧性。

如何击中别人看不见的靶子?这是一个超越足球本身的有趣话题。人原本是一种"预测动物",然后根据预测做出判断,并承担后果。人类数千年的文明史,某种意义上就是"预测和判断"的演变史。

从亚里士多德的目的论,到牛顿的决定论,再到随机性、概率论、复杂系统,人类一直试图探寻因果之谜。而哲学,如齐泽克所说,"徘徊于先验论与存在论这两个进路之间"。在斯多葛学派看来,哲学就是一种面对不确定性未来的生存之道,并接受即将发生的一切。

足球是一种模拟的人生,一场球犹如一场电影,充满悬念,跌宕起伏,最终给出结局。被平凡日子折磨的普通人,在这样一个被加速、被浓缩的人生模拟中,找寻到了从未亲身经历过的战斗体验,以及只有在梦想中才能感知到的戏剧性。

然而,对于职业球员来说,现实要残忍得多。球员不过是现代版的角斗士。输球后他们不会被处死,但可能会丢掉工作,养不起家人,要去一无所知的地方找饭吃。

梅西正是在这样一种情境下的范例。他是阿根廷的特产,从小知道自己承载着全家人的希望。

吃马铃薯和胡萝卜长大的梅西从小营养不良，在 11 岁时被诊断患上生长激素短缺型侏儒症。拿到结果的那天，他与父亲走在寒冷的街头，尽管他心底清楚家里根本没钱为他治疗，但依然分外平静。

回想当年，梅西的父亲说："他从不抱怨。"对于已发生的一切，梅西温顺地接受；对于貌似没希望的未来，他从不放弃。就像终于长大成人后的他，并非不再弱小，而是将孱弱与强壮融为一体，独步江湖。

梅西的传奇像是《百年孤独》交织着《小径分岔的花园》，既有史诗一样的残酷生存故事，又如博尔赫斯般反映了"世界的混沌性和文学的非现实感"，这大概是他的独特魅力所在。

以下是梅西在球场上的哲学。

第一步：扫描全场，绘制价值地图；

第二步：守候在价值区；

第三步："黑入"空间与时间的微隙；

第四步：以多样化追求进攻最大化；

第五步：实现破门得分。

与其说这是关于足球的哲学，不如说是关于生存的哲学。

在一个充满不确定性的复杂系统里，如何发现价值，捕获机遇，进而实现价值，"梅西的哲学"会给我们带来足球以外的启发。

在创业、投资、创新、创意等领域，我们能看见"英雄所见略同"的相通之处。

第一步：扫描全场，绘制价值地图

"梅西在场上看似没动，但他的头总是晃来晃去，一刻不停……"瓜迪奥拉如此说道。梅西在做什么？

"他没跑，但是他一直在关注球场动向，他知道四个后卫里谁是最弱的，5分钟，10分钟后，他就是一张活地图。在他的眼睛里，在他的脑子里，知道空间位置和全景图……"

我想起自己看的第一本围棋书《新围棋十诀》，作者大竹英雄语重心长地写道："我要告诉你们一个职业棋手不会告诉你们的秘密，那就是从整个棋盘上发现秘密。"

下棋者容易陷入局部，导致"逐鹿者不见山"。足球同样是一种全局游戏，需要有上帝视野。如何从棋盘中发现秘密呢？大竹英雄很生动地讲道："也许你觉得局面很平常，没什么可以思考和计算的。其实并非如此。"

例如，你在某个角落子时，要考虑对角的情况，因为这与征子有关；再例如，在某个局部，当前情况下的确没有任何手段，但你可以假设一下，如果在这个地方连走两手会发生什么。

对于新手而言，也许会说，怎么会允许你连走两手呢？但是对于高手而言，假如知道自己在某个局部连走两手之后可以有妙手，他就会制造让这件事可以发生的机会。想象力由此而呈现出魅力与功效。扫描全场后的梅西，像是拥有了上帝视野。

上帝视野也许应该有双重含义：空间的全局观，时间的全局观。前者是指眼观六路，后者是指模拟时间的演进。由此，梅西知道："如果某个时刻移动到这里……这里，我会有更多的空间……"然后，发起进攻。这就是所谓"Zoom Out + Zoom In"，既能如鹰一样鸟瞰全局，又能如狼般聚焦猎物。

第二步：守候在价值区

将有限的资源聚焦于高价值区，也许可以用于解释梅西的"散步"。当然，假如一个人可以像机器一样奔跑，当然可以在高价值区更频繁地拉动。毕竟梅西的年龄决定了其跑动能力也许只有年轻时的 1/3。

但是，对比而言，更多时候，人们选择了假装很勤奋，忽略了去发现真正的价值区。

叔本华对于天赋和天才的描述，给出了一个有趣的模型：天才比起他人而言，更擅长"升维思考"和"降维行动"。

所谓"升维思考"，是指不仅能击中别人无法击中的靶子，更能看见别人无法看见的靶子。这部分，对应梅西的"上帝视野"。

所谓"降维行动"，是指执行任务时减少多余动作，像杀手一样干净利落。这部分，对应梅西的"轻快风格"。

为了叙述的完备性，我又要举那个老套的例子。泰德·威廉姆斯在他的《击球的科学》一书中这样描述道："对于一个攻击手来说，最重要的事情就是等待最佳时机的出现。"

巴菲特认为这句话准确道出了他的投资哲学，等待最佳时机，等待最划算的生意，它一定会出现，这对投资来说很关键。

泰德·威廉姆斯是过去70年来唯一一个单个赛季打出400次安打的棒球运动员。他的技巧如下。

第一步：把击打区划分为77个棒球那么大的格子。

第二步：给格子打分。

第三步：只有当球落在他的最佳"格子"时，他才会挥棒，即使他有可能因此而三振出局，因为挥棒去打那些"最差"格子会大大降低他的成功率。

泰德·威廉姆斯的秘密在于，将自己的"概率世界"变成了两层。

一层是执行层，也就是他击球这个层面。在这个层面，无论他天赋多高，如何苦练，他的击球成功概率达到一定数值之后，就基本稳定下来了，再想提升一点点，都要付出巨大的努力，而且还要面临新人的不断挑战。

更高一层是配置层，也就是他做选择的这个层面。执行层做得好，是有天赋；更高一层做得好，是天才。

芒格将此方法用在投资上，要点如下。

1. 作为一个证券投资者,你可以一直观察各种企业的证券价格,把它们当成一些格子。就像梅西开场后,四处扫描,绘出地图。

2. 在大多数时候,你什么也不用做,只要看着就好了。有时候散步比瞎折腾更好。

3. 每隔一段时间,你将会发现一个速度很慢、线路又直,而且正好落在你最爱的格子中间的"好球",那时你就要全力出击。这样,不管你的天分如何,你都能极大地提高你的上垒率。这就是所谓的"有效跑动"。有时候,不跑比跑更好。

4. 许多投资者的共同问题是他们挥棒太过频繁。另外一个与挥棒太过频繁相对立的问题也同样有害于长期结果:你发现一个"好球",却无法用全部的资本出击。

5. 有性格的人才能拿着现金坐在那里什么事也不做。"我能有今天,靠的是不去追逐平庸的机会。"

第三步:"黑入"空间与时间的微隙

"黑客"(hacker)原指以电脑为武器侵入他人的计算机系统的人。而"黑客技术"(hack)表示对问题快速灵活的解决方式,或者完成一项任务的聪明做法。

我曾参加某著名互联网公司的内部交流会,一位决策者分享了自己的数次成功市场操盘经验。从中我学习到以下两点。

1. 不管多大的市场战役，关键是找到最重要的发力点。通常最重要的发力点只有一个。
2. 最佳发力点和具体动作往往都是基于某些基本要素。所以，关键在于发现要害，而非整一大堆复杂的方法论。

这大概是对"黑入"这个词的生动描述。足球场上，是两个系统之间的作战。一个系统攻克另外一个系统，经常是因为一方洞察并捕获了对方链条中最薄弱的那个环节，然后一举突入。

就像一个人被感动时，常常是如奶油般被"切"开，被锥子般的锐利"扎"入，或是不知不觉、莫名其妙地被"黑"进去。

可人们对外用力时，却大多是挥舞着锤子，简单、粗暴、重复，且经常因为不得其门而徒劳无功。

"黑入"一个系统，虽然是从点切入，但却需要对该系统进行全面扫描，产生深刻洞见，并且通过时间和空间的预测，来捕获微小的缝隙。这就是所谓的"决定性瞬间"。

"外星人"罗纳尔多说：梅西老了，以前他能创造出 30 次机会，现在只有 10 次。但他仍然是决定性的球员。梅西仍然能在毫无机会的局面下，"黑入"空间与时间的微小缝隙。就像他此生许多次面对绝境时的无声怒吼。

正如解说员的评价:"他只需要一点点空间,一点点足矣。"

第四步:以多样化追求进攻最大化

一个被忽略的事实是,截至目前,卡塔尔世界杯上梅西在以下三个数据上都排名第一:进球数,助攻次数,关键传球次数。

当这个矮小而坚韧的家伙在他钟爱的"梅西走廊"穿行时,对手永远不知道他是要突破、远射,还是要传球。

而从进攻的组织看,梅西不仅是10号,还是7号、8号、9号。当年轻球员们不知道往哪儿踢时,传给梅西不会令他们失望。

那些野心勃勃的球员也同样信任梅西,因为他似乎很少纠结于"是自己射门,还是传球给队友"。

梅西像一台奔走的计算机,总是选择令球队有效射门概率最大的那一脚。柔软地过人突破,柔软地百步穿杨,柔软地传球助攻,全面的能力加上大局观和团队精神,梅西将个人天赋与整支球队融合在一起,从而能够以多样化进攻来追求获胜机遇的最大化。

更多的可能性,更大的概率,这是一个求解的过程。

一个令人动容的场面是,阿根廷点球大战淘汰荷兰,全体球员冲向前方庆贺,只有梅西一人,跑向趴在一旁的己方守门员,与其相拥。.

这更是一个用心的过程。

这类天赋经常会因为功成名就而失去,但梅西仍然能够保有,何其珍贵。

第五步:实现破门得分

最终,决定比赛结果的,只有破门得分。地球上只有一个梅西。

这个世界上的绝大多数人,从未上过任何意义上的球场,也谈不上所谓的得分时刻。如此说似乎有些残酷,也不客观。毕竟我们每个人来到这个世上,难道不就是上场了吗?

足球场很残酷,生活又何尝不是如此?足球好歹可以输个利索,而生活却每每如缓慢的绞刑。你我普通人的破门得分,又在何处?

足球是圆的,一切皆有可能发生;生活是少部分可控制而大部分不受控制的,哲学帮助我们处理未知事务,以及理性应对处理失败之后的局面。

马可·奥勒留说:"生活的艺术更像是摔跤,而非跳舞。"

要成为摔跤高手,我们需要做好准备,需要参与这场被称为"生活"的战斗并为之训练,需要承受一场又一场的失败而不屈服,并变得更坚韧、更强大。

如此说来,所谓哲学就是参与到不确定的现实世界中,就是在一场随机性游戏中全情投入。

不管怎样,做点儿什么吧。

梅西带给每个普通人三点启示。

1. 走入现实世界的赛场，点燃自我。不管你视人生为一场竞技，还是一场游戏，全情投入终归是不错的选择。
2. 一切体力活，最后都是脑力活；一切脑力活，最后都是体力活。尤其是对聪明人而言，假如你的脑力活没有干到筋疲力尽，一定是错过了什么。
3. "柔软和善良"等弱势美德，即使是在"丛林达尔文主义"的当下，也能形成伟大的进攻。也许，梅西在球场上的创造力，与他性格深处的柔软是一个完整的系统。

尼采说："只有不断引起疼痛的东西，才不会被忘记。疼痛是本能，是维持记忆力最强有力的手段。"一个不曾哭泣过的梅西，无法踢出那些充满想象力的精妙进球，也无法为我们呈现出那么多人类公共记忆里的伟大瞬间。

多年以后，回想起 2022 年 12 月，我们会感谢那些陌生而熟悉的球员，他们用自己的顽强拼搏陪伴你我度过了一段极其艰难的时光。

我们曾经排过很长的队，好在也还有"队友"陪伴；我们经历过绝望，但请相信即使是最后一秒，也有机会逆转，只要你永不放弃；我们羡慕那些被击败后的球员，他们跪在草坪上如婴儿般自由哭泣。

这个无法被预测的世界是比绿茵场更残忍的摔跤场，我们不得不如长不大的少年梅西般，独自承受："我很清楚，我必须用足球证明我不是被抛弃的那一个。"崭新的一天终将来临，我们会再次回到场上。像是重回 1986 年，重回每一个梦中，"没什么，一切都可以从头再来"。

这个世上还有许多美好的地方等我们前往，有许多美好的事等我们经历，有许多美好的人等我们相识。哲学就是参与其中，就是战斗到底。然后，每个人都有权如同梅西之所愿：

我希望成为一个好人，当我老了以后，能让我回忆所有美好的过去。

法则三　天才的好运，在于"击中别人看不见的靶子"

梅西被称为"梅老板"，不仅仅是因为谐音梗。

拉尔夫·沃尔多·爱默生说过："懂得怎么干的人，总会有份工作。懂得要干什么的人，总能当前者的老板。"

作为全场的灵魂人物，梅西既是杀手，又是领导者。人们总说"足球是圆的"，这说明足球场上充满了偶然性，未必是最强的球队能够获胜。梅西的天赋不仅在于技术，还在于他善于捕捉好运。

那么，该如何抓住别人看不见的好运呢？以下是 6 个秘密。

1. 从棋盘上发现秘密。我自学围棋时，买的第一本书是当年的超一流棋手大竹英雄写的《新围棋十诀》。大竹英雄说，对围棋而言，定式和手筋毕竟是枝叶问题，即使你能倒背如流，如果没有正确的指导思想，也起不了什么作用。与其如此，倒不如掌握其根本。他认为，重要的是观察棋盘的眼力。"必须注意从棋盘中发现各种奥秘。这样就会视野开阔，想法也就自然有了深度。有了锐利的目光之后，再看同一个定式，理解的深度就不能与从前相提并论了。"

2. 去鱼多的地方捕鱼。贝叶斯定理最重要的常识之一，就是要重视基础概率。如果一个地方的鱼很少，你要做的不是去苦练功夫，或是换更好的钓竿，而是应该立即换一个鱼多的地方。

3. 从困难中发现机遇。迈克尔·格伯说："企业家能在放眼望去的事物中看到机遇，而许多人放眼望去只看到困难。企业家更重视在不同机遇中甄别，而不是关注是否看到了机遇。"天才的好运往往来自发现和满足别人尚未识别的需求，这可能涉及创新的产品、服务，或是提供一种全新的解决方案。

4. 天才有更多捕获好运的方法。在正确的时刻和正确的地点，能够等到好运，但你依然需要射门得分。所以，我们必须有更多的"好运兵器库"，这样才能像梅西那样有着势不可当的"射门兵器组合"，从而大幅提升射门成功的概率。

5. 天才对平庸的机会说"不"。梅西最有争议的一点，是"在球场上散步"。然而，在专家看来，这是为了把资源集中在最佳机遇上。彼得·德鲁克说：真正的磨炼来自向错误的机会说"不"。

6. 天才也会犯很多错。现实中那些厉害的人，做事未必比你有更高的成功率。即使是谷歌和字节跳动这类不错的公司，项目的失败率也非常高。马克·库班说出了其中的秘密："没人在意你的失败，你也不应该在意。你需要从失败中学习，从周围的人和事中学习。生意中最重要的是，你曾经做对一次，然后所有人都会说，'你太幸运了'。"

但是，这个世界有多少天才呢？别急。专家对此早有研究。人们将那些极少数的成功者称为天才。马尔科姆·格拉德威尔在《异类》中提及，"心理学家最近对这些需要天赋的职业进行了考察，发现天赋的作用越来越小，而精心准备的作用越来越大"。成就需要天分和精心准备。

第 4 幕

命运
何必惊慌

人生无常，命运如常

让我们来做一个好玩儿的游戏：

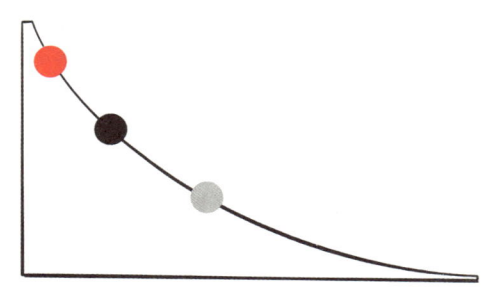

如上图所示，三个球分别处在一个斜坡的不同位置。游戏规则：三个球从各自所在的位置出发，从斜坡上滚下来，最先滚到右侧的获胜。请问：你选择哪一个？

直觉上，灰色的球在最下方，离目的地最近，当然应该选它了。正确答案是：三个球滚下来的时间是一样的。其中似乎有个隐喻：先跑的人未必早到，早起的鸟未必先吃到虫。

上图中的那个斜坡，是一条等时曲线。三个球受重力影响从不同位置出发，沿着等时曲线下滑，滑落到曲线底部所耗费的时间是一样的。荷兰数学家、天文学家、物理学家惠更斯，最早在

1673年发现了这个秘密。

但那时,他还不知道,等时曲线同时也是最速降线。"最速降线"这一问题的最早提出,来自伽利略。他想,当一个球从同一个高度的斜坡滚下来,什么样的坡会让球滚得最快呢?

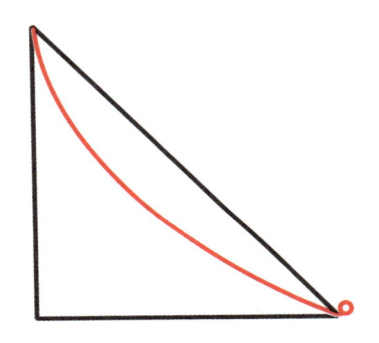

如上图所示,看似上面的直线距离最短,但却不是最快路线。伽利略自己猜测,最快路线应该是个圆弧。其实并非如此。约翰·伯努利解决了这个问题。

有趣的是,人们发现,原来"最速降线"就是"等时曲线"。

正如当年惠更斯所研究的,这类曲线其实是一种摆线,如下图所示。

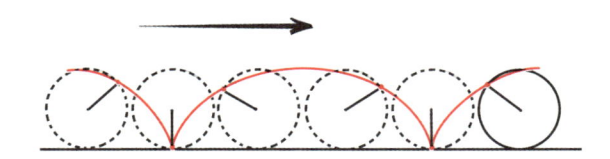

这种摆线就是当一个圆沿着一条直线滚动时,圆周上某一定点所形成的轨迹。想象一下,圆上的黑点是只小蚂蚁,摆线就是

小蚂蚁在圆滚动时所经历的曲线。

同样是伽利略，在没有微积分的情况下，徒手算出了摆线下方一个拱形的面积。

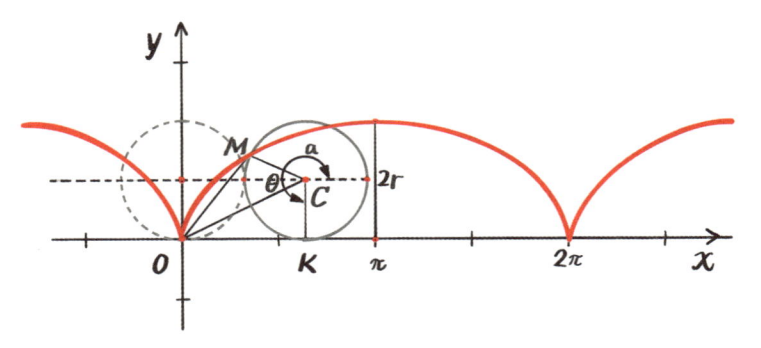

如何徒手？伽利略剪出了一个完整的摆线拱形，称了它的重量，然后与生成它的圆的面积做比较。他由此得出结论：摆线拱形的面积大约是生成它的圆的面积的 3 倍。这一方法的灵感来自浴缸里的阿基米德：把体积（或面积）与重量联系起来。后来数学家罗贝瓦尔算出，摆线拱形的面积正是 3 个圆形的面积。

那么，一个摆线拱形的弧长是多少呢？数学家及建筑师雷恩发现，是 8r，也就是拱形高度 2r 的 4 倍。雷恩参与了圣保罗大教堂的重建设计，他死后葬于此地。墓碑上刻有拉丁语：*Si monumentum requiris, circumspice*。意思是：欲寻纪念碑，请看你周围。

说回"最速降线"。当我们把上面的摆线倒过来，就得到了下图：

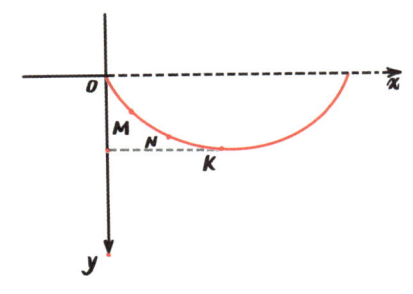

从 O 到最低点 K，就是一个"最速降线"。

这类曲线有两个特点：

1. 球从 O 点滚到 K 的时间最短，这正是伽利略要找的；
2. 球从 O 点、M 点、N 点滚到最低点 K 的时间是一样的。

那么，时间是多少呢？如下面的公式所示：

$$\pi\sqrt{r/g}$$

公式中 r 是摆线拱形高度的一半，也就是形成摆线的那个滚动圆形的半径。g 是牛顿的重力加速度，即地表自由落体运动的加速度，为 9.8 m/s²。π 是著名的圆周率，是人类理解宇宙最重要的常数之一。

这意味着，球从初始位置 M 下降到摆线槽最低点 K 所用的时间是一个常数，与初始位置无关。仔细想想，我们各自的命运似乎也是个常数。人生无常，命运如常。

一个人的命运是注定的吗？貌似如此。不然为什么文艺作品里总是把"改命"作为主题。不管是童话故事、武侠片，还是迪士尼、皮克斯的动画，抑或宫廷戏、网络文章，关键词都是改命。

这说明了一件事——改变命运很难。

缺什么就吆喝什么，个人如此，商家更是如此。商家吆喝的东西全是现实中很难实现的。

说起来，最让人感慨"命运如常"的公式，可能还是"大数定律"。雅各布·伯努利于1713年完成了大数定律的证明。人们对概率的理解如此"晚熟"，令人意外，说明我们对不确定性的理解和研究都非常稚嫩。

《数学之书》写道：色子原本是用有蹄动物的踝骨所制，是古代产生随机数的方法之一。"许多古文明都相信色子掷出后的结果由天神掌控，因此，就把色子当成重大事件的决定工具，不论是挑选统治者，还是确定遗产的分配方式。"直到今天，相信色子、占卦的人还是存在。

大数定律"说明"了一些随机事件的均值的长期稳定性。

- 人们发现，在重复实验中，随着次数的增加，事件发生的频率趋于一个稳定值；
- 人们同时也发现，在对物理量的测量实践中，测定值的算术平均值也具有稳定性。

比如,我们向上抛一枚硬币,硬币落下后哪一面朝上是偶然的,但当我们上抛硬币的次数足够多,达到上万次甚至几十万次、几百万次,我们就会发现,硬币每一面向上的次数约占总次数的二分之一,即偶然之中包含着必然。

有趣的是雅各布·伯努利对大数定律的批注:

只要能持续不断地观察所有事件,直到地老天荒(最终的概率也因此倾向成为完美的固定常数),则世界上所有事物都会以固定的比例发生……就算发生让人最感到意外的事件,我们也会把这起事件认定为一种……既定的宿命。

比如,假如你是一个色子,假如你扔出一个 1 就中奖,你的一生就是不停扔色子,那么你中奖的概率就是 1/6,时间越长越接近这个数字,和你是否努力、手势是否高明、动作是否优雅,都毫无关系。每一次扔色子的结果很难预测,这是"人生无常";基于统计得出某个数字的可能性,则符合大数定律,这是"命运如常"。

何事惊慌，不必惊慌

数学公式里既有"人生如常"的宿命论隐喻，也给出了"改命"的变量。先看"等时曲线"的时间计算公式：

$$\pi\sqrt{r/g}$$

虽然 g 和 π 是常数，但还是有一个与主体有关的变量 r。我们假设有两个 r 值不一样的"等时曲线"斜坡，一个是 $r1$，一个是 $r2$。图中 r 值为曲线高度的一半。

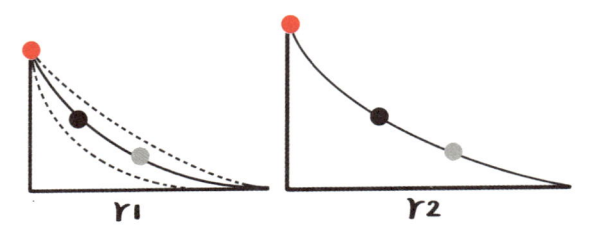

每个斜坡上都有高、中、低三个高低不同的出发点。根据"等时曲线"的时间计算公式，我们知道，圆球下降的时间变化仅取决于 r，与球的初始位置无关。所以，假如我们想让圆球下降得更快，应该选 r 较小的斜坡。而一旦选对了最速降线,到达目的地的时间其实和出发地(不包括直接在终点的)无关。

这是多么精确而生动的鸡汤式隐喻:赛道比赛马重要,选择比努力重要。假如选择了正确的"最速降线"斜坡,后发者也可能先至。而有些时候,我们的各种折腾、各种努力,其实对改变命运而言是无济于事的。当然,也只是"有时候"。

我曾经看过一个真实的案例,监控录像拍摄到,在深夜的街头,一位女士打算从人行道穿过马路。尽管此时并无汽车通行,她还是小心翼翼按下了人行按钮,等绿灯亮起时才踏了出去。谁也没料到,这时有辆轿车以极快的速度冲过来,撞飞了那位女士。

试想一下,假如那位女士没有遵守交通法规,径直穿过马路,也许就没事了。假如上天有眼,为什么要让一个守规矩的好人遭遇飞来横祸呢?面对每个发生于瞬间的灾难,都会让人有类似的"反事实假设"。

这种"反事实假设"会令我们有种奇怪的宿命论。例如,假如你错过了登机时间,换了另外一个航班,也许会不由自主地想:会不会正因为这个小小的变动,让自己的人生遇到某些翻天覆地的变化,例如,在邻座遇见真爱,或是不幸遭遇空难。

然而,绝大多数时候,这类假设并无意义,我们也不能因此而变得更好。事实上,一定有许多潜在的灾难没有发生,这类

"没发生"的可能性，要大于偶然的发生。

的确，运气的好坏很难定义。例如，假如你不小心摔了一跤，看起来运气不是很好；但可能因为这一跤，你正好避开了路口的一场车祸。每个"破碎"的背后，都可能有一次不为你所知的"保护"。这个不确定的世界，并非完全由"发生"构成。理论上来说，"未发生"的概率要远远大于"已发生"的概率。

假如我们相信造物主，那么，那些未知的"未发生"庇护着我们，更能证明"神"的存在。就像有一天晚上，我和几个朋友在路边吃烧烤。在吃了一串美味的"小腰"之后，我说："不管那些正在发生的糟糕事情最终会如何，但至少那些事情间接地令此刻发生。此刻，我和你们在一起，很开心。也许，那些貌似漫不经心的瞬间，才是命运的正经事儿。"

短期来看，人生无常；长期来看，人生如常。

有时，大数定律像死神之手。有时，大数定律像天使之手。宇宙间某些极其重要的"大数"，以及一些奇怪的物理常数，为地球上的生命提供了安居之地，犹如神迹。

英国作家白哲特说，生活是概率的大学校。在这个学校里，我们每个人不应该甘心当一个被扔来扔去的色子，被大数定律支配命运，而应努力探寻人生的概率。人生无常，但我们仍然能够从中发现某些模式；命运如常，但对个体而言最大的常数就是你自己。

当然，对于绝大多数人而言，改变自己，比改变常数 π 还难。也许是因为，有些时候，我们并没有必要那么慌里慌张地为难自己，前提是你选对了最速降线，如此一来，起跑线远点儿近点儿都无所谓。

我们也没必要总和身边最富的人比谁钱多，和最傻的人比谁聪明，和最勤奋的人比谁拼命。我喜欢梁冬老师院子里的一幅字：何事惊慌？在埃隆·马斯克送往火星的那辆特斯拉跑车上，屏幕醒目显示着"Don't Panic"（不要惊慌）。

我想起 2006 年去德国，在慕尼黑街头看见一辆跑得很慢的小车，车屁股后面有一行字：想超车你就超吧，反正我们还会在下一个红绿灯相见。

理解幸运女神的算法

法则四

幸运女神非常有智慧,自然不会操心每一个凡人。她可能会设置好程序,用算法来管理人类的运气。那么,幸运女神到底是如何扔色子的?这与随机性、运气和秩序紧密关联。

运气是个人在随机性中的体验,随机性是秩序中的不确定性元素,而秩序是我们试图在随机性中建立的模式和预测性结构。理解这三者之间的关系有助于我们更好地认识个人经历的性质,以及如何在一个充满不确定性的世界中做出决策和规划。

要想理解幸运女神的算法,以下是6个有趣的视角。

1. 物理学视角与偶然性的接受。物理学家尼尔斯·玻尔的观点提醒我们,尽管预测未来充满挑战,但我们可以学会接受和利用偶然性。在微观世界的随机性中,我们发现即使是最不确定的环境也蕴含着秩序和规律。这教导我们,在寻找好运时,要学会欣赏偶然事件中的潜在机遇。

2. 生物学视角与适应性演化。达尔文的自然选择理论强调了适应性演化的重要性。随机的基因突变和选择过程展现了如何从不确定性中产生生物的多样性和复杂性。这揭示了在个人成长和职业发展中，好运往往源自我们对环境的适应和从失败中学习的能力。

3. 社会科学视角与结构化的混沌。埃米尔·涂尔干的观点揭示了即使在看似混乱的社会行为中，也存在可识别的模式和规律。这提醒我们，在追求好运时，要理解和利用社会结构和文化规范，以提高成功的概率。

4. 数学和计算机科学视角与复杂性的美。本华·曼德博的研究展示了简单规则如何产生复杂结果。这启发我们在寻求好运时，认识到即使是小的行动和决策，也能在长期中产生巨大的影响。

5. 哲学视角与未知的准备。卡尔·波普尔的观点强调了我们对知识和未来的不确定性。这告诉我们，尽管我们无法完全预知未来，但我们可以通过不断学习和准备，创造把握好运的机会。

6. 经济学视角与市场的不确定性：约翰·梅纳德·凯恩斯关于动物精神的理论揭示了经济市场的不可预测性和非理性行为。这提醒我们在追求财务上的好运时，要认识到市场的随机性，并学会在不确定中找到机遇。

也许人类有限的智慧，在幸运女神面前就像盲人摸象。但是通过思考，我们会发现，好运不仅仅是偶然事件的产物，而是通过对环境的理解、适应性、准备和策略性行动在不确定性中创造出来的。

第 5 幕

幸福
别去比较

人天生爱比较

以下三位男性的爱情，你更喜欢哪一个？

"成功男"，身家一亿元，拿出资产的1%，为女友买了一辆价值100万元的保时捷；"奋斗男"，存款100万元，拿出资产的10%，为女友买了一个价值10万元的爱马仕包；"白手男"，钱包里一共有1万元，100%拿出来为女友买了一台价值1万元的苹果笔记本电脑。

姑且让我们不正确地用礼物来评估三位男性的爱情，你一定看出来了，比例小的，绝对值大：论绝对数值，"成功男"最为大方；论相对比例，"白手男"最有诚意。

假如你是女性，你会选择哪一位？假如你是男性，你又愿意做哪一位呢？

类似关于"比例"的故事有不少，例如有人说一个富二代花30万元给女朋友买礼物未必比一个普通人花几百元更真诚。

有次巴菲特带着盖茨去自家的珠宝店。盖茨当时刚结婚，巴菲特怂恿他花3.7亿美元给自己的老婆买个钻戒。巴菲特的理由是：他结婚时身家不到两万美元，给太太买了一个1200美元的婚戒，占资产的6%。而当时盖茨的资产是62亿美元，若按照6%的比例算，就是3.7亿美元。这个说法有道理吗？

关于"比较"的话题，不仅是情感八卦，还与生物学、行为科学、幸福理论有关，甚至也与个人成长、创业、投资紧密关联。本章将围绕"比较"展开一场有趣的大脑旅行。

人类喜欢比较。比较，产生美。比较，也是万恶之源。

人天生就是一种"爱比较，但是又经常把自己比晕"的动物。

你有没有想过：为什么你会跑到另一个超市，去购买一个从10元降价到5元的商品，却不愿意跑同样的路，去购买一个从300元降价到295元的商品？人有时候会按照"差异的比例"去比较，有时候又会按照"差异的绝对值"去比较。

说一个我自己被"比较"捉弄的亲身经历。

有一次，我去买户外家具。我来到一家店里，看到商品不错，就是价格略贵。当时，我看中一套不错的户外组合沙发，折后价1.2万美元。我心想，再去两家店对比一下，转回来就买下得了。我又去了RH家具店，类似的沙发更贵一点儿，关键是订货需要四个月以上，那时候都快到冬天了……

接下来，"惊喜"发生了：我们在手机上搜到一家户外家具货仓店，跑去一看，有现货，价格对比前两家便宜，还有额外折扣，于是一顿选（像是双十一抢特价商品）。

这时，女儿打电话让我们去接她，于是我们恋恋不舍地离开，打算第二天早上再来抢购。晚上我随便在开市客官网看了看，类似的户外沙发组合有特价，折后只要2700美元。

为什么下午我们会那么"惊喜"呢？原因就是之前逛的两家店价格都有点儿贵，于是在"比较"之下，该货仓店就显得格外实惠了。

罗伯特·西奥迪尼在他的《影响力》一书里将其称为"对比效应"，他讲了希德和哈利两兄弟的故事：

两人在美国经营一家服装店，希德负责销售，哈利负责裁剪。每当希德发现站在镜子前的顾客真的喜欢一套西装时，他就会假装有点耳聋。当顾客询问价格时，希德就对他的兄弟喊："哈利，这套西装多少钱？"哈利就从他的裁剪台上抬起头，回答说："这套漂亮的棉质西装42美元。"希德听完后向他的顾客说："他说22美元。"那位顾客听到后就赶紧将22美元放到桌上，抢在可怜的希德发觉"错误"之前，带着昂贵的衣服匆匆离去。

其实，类似的故事天天都在上演，商店里的打折，网络上的特价，莫不如是。打折商品胡乱买买也就算了，人们对于打折的股票也会有捡便宜的心理。例如，看到某只曾经大牛的股票大跌就去抄底，结果接到了飞刀。

生活中的对比效应比比皆是：

- 你去旅游的时候，一路上都吃得很差，但最后导游基本上会安排一顿不错的，充分利用对比效应和峰终定律；
- 中介可能先带你看几套差房子，最后再带你看他真正想卖给你的房子；
- 你年底奖金比去年多了好几万元，正在高兴，一看同事小明居然比你多500元，你顿时心情沮丧；
- 你相亲的时候，带上自己的好朋友一起，却忘了他又高又帅像个模特……

为什么人类这么容易被"比较"支配，并且人世间的许多恶都是源自非理性的"比较"？

人爱比较，有生理基础上的原因。人类进化是为了"生存"而适应，而非真实和精确。博·洛托在《错觉心理学》里说："进化的目标是获得适应性、稳健性和可发展性。人类物种是这个过程发挥作用的一个绝佳案例。这意味着当你观察周围的世界时,你在使用数百万年的历史。"他由此得出了一个有趣的结论:你的进化不是为了看到现实……而是为了生存。

为什么呢?博·洛托解释道:

准确看到现实并不是生存的必要条件。实际上,它甚至是生存的阻碍。如果没有这个关于感知的基本前提,你就会停留在古老的观察方式之中,因为如果你用错误的假设解决问题,那么不管你是否更加接近真理,你都会更加相信这种假设。

看看下图,左右两图中间的圆,哪个更大?

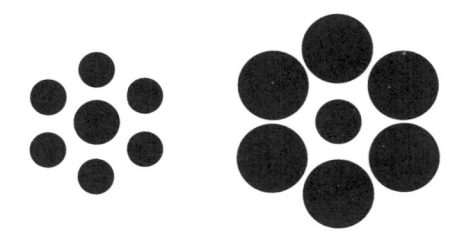

对比效应

其实两个圆一样大。

再比如,一包一公斤重的棉花和一块一公斤重的铁,不考虑浮力,你会觉得铁更重。为什么会这样?

在19世纪,德国生物物理学家赫尔曼·冯·亥姆霍兹曾说:大脑不过是一台预测机器,我们的所见、所听、所感不过是它对输入信号的最佳猜测罢了。

一大包东西，大脑会预测"较重"，但是因为棉花比"预期"轻，大脑就会感知到"轻"，而一小块同样重量的铁却显得很重。轻和重是一种基于比较的感知，而非精确的度量。

再看一个例子，我们将看到同一个图案在四张图里的"变化"。

如下图所示的图案，你看到的是什么？

13

看上去，既可以是 13，也可以是字母 B。

同样的图案，把它放在下面的序列中，你看到的是什么？

A 13 C

可能大部分人都会说："是字母 B。"因为这个时候我们看到的世界多了一个相关信息：A 和 C。我们的脑袋里马上浮现出 A、B、C 的顺序。

再把该图案放在下面的序列里，你看到的又是什么呢？几乎所有人都会说是 13。

12

13

14

接下来,我们再把该图案放入下面这个交叉序列,你看到的又是什么?

12

A 13 C

14

通过增加一个维度的比较,我们可以知道这个图案既可以是13,也可以是字母B。通过这个例子,我们也能够更加形象地理解"多元思维模型"的意义所在:我们无法"看到"现实,只能像盲人摸象一样,从不同的角度多摸几次。

博·洛托用了一个有趣的比喻:

我们的五种感官就像计算机的键盘一样,它们提供了外部信息进入大脑的途径,但它们与我们所感知到的事物几乎没有关系。它们本质上只是机械媒介,因此对我们的感知只能起到有限的作用。

人类的错觉不只因为盲人摸象的局限性，更因为我们擅长"脑补"。

即使只说视觉系统，就神经连接的绝对数量而言，形成视觉的信息也只有10%来自眼睛，90%来自大脑的其他部位。达尔文不是说过眼睛的神奇和强大差一点儿让他怀疑自己的进化论吗？

为什么人的视觉有这么大的局限性呢？麻省理工学院的视觉专家泰德·阿德尔森谈及人类的错觉时说："这表明视觉系统的成功之处而非失败之处，我们的视觉系统并不能作为物理学的测光表，这也不是它存在的目的。"正所谓成也萧何，败也萧何。

比较带给我们智慧，也令我们愚蠢。

虚幻的对比

在漫长的进化历程中，我们的大脑形成了某些自动机制。例如，我们会把树丛后的一块黑色石头"处理"成老虎。

科学家认为，我们的大脑可能是把自己的预测与感知到的信息结合到一起，形成了感知意识。而且这种预测经常是自动发生的，我们自己都没有觉察到。这就是预测和感知之间的选择性比较。

就像前文的例子，到底是数字13，还是字母B，取决于我们此前的预测，而我们的预测又被顺序和模式之间的比较支配，并且大脑十分热衷于"发现"模式。聪明人容易干蠢事，就是因为大脑的这种先入为主的"预测"能力太强大了，以至于影响并削弱了对感知信息的观察。

当然，说回来，这又是进化的代价——人类不就是靠想象力走出丛林的吗？似乎这类代价不少都与"自动驾驶"有关。不仅有如上所说的意识上的自动驾驶，还有时间的自动驾驶。迄今我们都没搞懂时间的机制，觉得"时间匀速向前"天经地义，前因后果，先来后到。于是，我们仅仅因为时间的先后而做一些虚幻的比较。

例如,你到超市买了一种饮料,喝了以后感觉不错,心想这家饮料公司应该很有前途。第二天,你发现该公司的股票涨停了。你懊恼不已。为什么会懊恼?你的潜意识里觉得有另外一个自己喝了饮料之后立即就去买了股票,结果抢了个涨停板。事实上,该"另外一个自己"并不存在,你的懊恼源于让自己和那个虚幻的自己做比较。

这类"很近",其实很远。八竿子打不着的比较,有时候是因为无知。

就像两个人下棋,即使两人水平差距巨大,水平低的人也会觉得和水平高的人很接近。此外,假如有人说你很像她的初恋男友,你最好不要知道那个人长啥样。

威廉·布莱克说:"如果感知之门得以清净,世间万物就会以其原本无尽的姿态呈现在你面前。但人们自己关上了这扇门,直到他通过狭窄的裂缝看到一切。"

我们也因此得到上天的赐予,用双眼,用大脑,就能感知到无尽的宇宙。只是,我们也该随时谨记亥姆霍兹的观点:大脑从外界得到的信号,不过是大脑预期与实际状态之间的误差。

知晓了这一点,我们就能从另外一个角度理解认知的本质,并且可以笼统地将人分为两类。第一类:通过比较去发现"大脑预期与实际状态之间"的相同之处。第二类:通过比较去发现

"大脑预期与实际状态之间"的不同之处。

如果说"大脑预期"是思考,那么上述行为则是"思考的思考"。我们不应该把人类因为"比较"而付出的代价视为临时的错误,也不要试图去清除这类错误,而应将其视为长期共处的常态。

"比较"的科学原理,除了进化理论和生理结构,以及目前我们尚未搞明白的大脑机制,还有(也许称得上科学的)行为经济学。在这个领域,丹尼尔·卡尼曼和阿莫斯·特沃斯基做出了巨大贡献,他俩一个人是心理学家,一个人是数学家,可谓双剑合璧。

行为经济学的主要关键词,几乎都与"比较"有关。从期望值,到期望效用,再到展望理论,行为经济学家们发现人是非理性的,而且这种非理性成群结队,是可以被整体观察和"计算"出来的。在丹尼尔·卡尼曼和阿莫斯·特沃斯基看来,传统经济学中,没有考虑心理坐标系问题。

但是,如前所述,人类感知事物,理解世界,需要依靠参照物来做比较,也就是"参考依赖"。丹尼尔·卡尼曼举了一个简单的例子:人们把手长时间浸泡在冷水当中,再把手放到20℃的水中会感到温暖;而把手长时间浸泡在热水当中,再把手放到20℃的水中会感到凉快。

说个我自己的例子,我有一个曾经被评论为世界上最好的耳机，但是也有几个普通耳机，为什么呢？原来，用一阵子"最好的耳机"，就会习以为常。这时候换相对差的耳机听一阵子，再用最好的耳机，就会再次找到"哇"的感觉。这说明，人们的认知是基于参考依赖的，是一个相对的概念。

在丹尼尔·卡尼曼和阿莫斯·特沃斯基的研究中，经常可以看见基础概率和贝叶斯定理。

这里面有个好玩儿的矛盾之处：一方面，人们会通过财富的变化（也就是比较）而非等级去感知生活，变化可能是与现状不同的变化，或是与预期不同的变化；另一方面，人们对比较的感知和计算并不高明，尤其是涉及两层的比较（如贝叶斯定理的某些应用场合），绝大多数人更是绕不过弯儿。

此外，丹尼尔·卡尼曼和阿莫斯·特沃斯基还发现了因为比较而带来的开心和痛苦是不对称的，也就是说，你有奶茶而别人没有时的快乐，小于别人有奶茶而你没有时的痛苦。

行为经济学让我们重新看待人的理性。

按照卡尼曼和塞勒等人的风格，对于"比较"，我们没必要让自己成为一个刀枪不入的圣人，而是应该用行为和框架去实现让个体满意的效用。

成功的比较系统

一个厉害的人往往是因为有一个成功的比较系统。概括而言,厉害的比较系统由以下三个模块构成:

1. Think Big——大处着眼;
2. Start Small——小处着手;
3. Learn Fast——快速进化。

假如我们将"比较"的概念引入上面这个看起来有点儿鸡汤的框架,就会非常有趣。大处着眼是指长期来看,你应该选择一个大一点的"比较对象";小处着手是指短期来看,你不应该太

频繁地去做微观比较；快速进化是指自我比较的目的是进化，而不是学习。

大处着眼

无论是在学业上，还是在生意上，我都有过"低估自己"的切肤之痛。就长远而言，你应该高看自己一点儿，也就是长期来看，你应该选择一个大一点儿的"比较对象"。

例如互联网的"百团大战"，大家起初都是以团购鼻祖Groupon为"比较对象"。最后跑出来的美团早早切换了比较对象，如今市值也高达Groupon的100多倍。又如特斯拉，如果以传统厂商为"比较对象"，就算把全行业的利润都拿来，也撑不住这么高的估值。但如果瞄准的是出行市场和能源领域，特斯拉则充满了想象空间。

所谓的格局，以及想象力，都是建立在你的"比较对象"的选择基础之上的。并且，比较的尺度和时间的尺度，二者之间是正相关、（比较的尺度随着时间的尺度）加速向上的。

小处着手

在比赛中频繁地去看记分牌，不是高手所为。无论多么平坦的地面，拿放大镜去看都是沟沟坎坎的；无论多么坎坷的路途，时间拉长了看也不过是来去匆匆的一条直线。过于频繁地比较，只会收获一堆噪声。

如果天天都去比较，过于悲观的人会成为惊弓之鸟，过于乐观的人会成为掰苞谷的狗熊。假如你有几十只自选股，每天都能看到有几只涨得很好，于是你每天都很不舒服。生活中我们总是能听到一些幸运儿在不同的时期因为不同的投机大赚一笔。如果总做这样的比较，既伤害情感，又破坏智力。

波动是人生的常态，有人随波冲浪，而有人则被波动的"锯齿"割得头破血流。《聪明的投资者》里说：

从根本上讲，波动对真正的投资者只有一个重要意义，即当价格大幅下跌后，给投资者买入的机会，反之亦然。在除此之外的其他时间里，投资者最好忘记股市的存在，更多地关注自己的股息回报和企业的经营结果。

快速进化

之所以说快速进化，而不是说快速学习，是因为不以进化为目的的学习并无太大意义。快速学习，快速失败，都是围绕个体的"自我比较"而展开的一种进化机制。这样一来，就会发生一件有趣的事情：小尺度上的自我比较会视波动为反馈，所以，不管上涨还是下跌，成功还是失败，就反馈的意义和价值而言都是等价的。

生物的进化并非追求最优,而是在比较中选出那个相对好的。所以别总拿身边最好的人和事去折磨自己,而应专注于自我比较,小步快跑地进化。

如上所述,你要建立一个长线的比较系统:短线和自己比,长线和牛人比。如此一来,一个完整的比较系统就形成了飞轮般运转的闭环。

比较是万恶之源,而万恶之首,也许是嫉妒。

罗素说:除了"担心","嫉妒"也许是不幸福的最大原因之一。人为什么会担心?其实就是对不确定性的恐惧。人为什么会嫉妒?也是因为人喜欢比较,而比较也是人们试图摆脱不确定性的一种方法。

亚当·斯密在《道德情操论》里写道:

人类生活痛苦和混乱的一个主要的根源,似乎是人们过分看重一种永久状况与另一种永久状况之间的差异。贪欲的根源是过分看重贫困与富有之间的差异,野心的根源是过分看重私人身份和社会地位之间的差异,虚荣的根源是过分看重默默无闻和声名远播之间的差异。受到这些过度的激情影响的人,不仅在个人的实际处境中是悲惨的,而且还经常为了达到他愚蠢的目的而扰乱社会的秩序。

所谓嫉妒，就是一种"关你屁事"的比较。我听人讲过一个故事，某人看中一套市场价600万元的房子，然后对卖家开价500万元。他的理由是："我查过那个人是400万元买的，就让他赚100万元，500万元很够意思了。"问题是，人家多少钱买的，关你屁事呢？结果当然是没买到。

这类故事听起来似乎很荒唐，可是生意场上总去算计别人赚了多少钱的事还真不少。而且，越是喜欢如此算计的地方，经济越不发达。比较是万恶之源，而恶会受到惩罚。

下围棋时，容不得别人有半点儿地盘，这不是道德品质的问题，而是智力水平的问题。偏向于嫉妒的比较，会让一个人的思考走偏，动作变形。

没错，嫉妒也许能激发一个人的斗志，例如那句内涵令人发指的"今天你对我爱搭不理，明天我让你高攀不起"。然而，要通过别人的眼光、别人的嘴巴来验证的幸福，要建立在"我高你低"的比较基础上的幸福，不是真正的幸福。你过得好，又关别人屁事呢？

《当下的启蒙》里有个笑话，主角是伊戈尔和鲍里斯——两个家徒四壁的农民。

他们两家都靠着自己芝麻绿豆大的土地里那一点儿可怜巴巴的收成勉强度日。鲍里斯家有一只皮包骨头的山羊，这是两人之间唯一的区别。有一天，一名仙子出现在伊戈尔面前，承诺兑现他的一个愿望。结果伊戈尔说："我希望鲍里斯家的山羊死翘翘。"

这个故事荒诞吗？一点儿也不。我们每个人，都是那个希望别人家的山羊死翘翘的农民。

让我们做个大脑实验：有一天，外星人飞到地球，随机抓了一些人，其中有你，还有比尔·盖茨。也许你会感慨自己和比尔·盖茨之间的差距，为"人和人之间的差距为什么这么大"而惆怅。可是，在外星人眼里，你俩就是两个穷得要命的农民，比尔·盖茨最多比你多只山羊而已。你们都生活在地球这个破星球上，都可怜巴巴地靠太阳的能量生存，你们可能都活不到100岁，你的智商为100，比尔·盖茨的智商为160，可在外星人看来你俩都是昆虫……

在外星人看来，你和比尔·盖茨99.9%都是相同的。可是，我们在现实中，却把那0.1%的差异当作100%来比较，并因此忽略了那更为宝贵的99.9%，原因居然仅仅是大家都一样……

我们既要对糟糕的比较免疫，也要善于运用比较。李嘉图的源自亚当·斯密的"比较优势"概念，解释了"为何在一方拥有较另一方低的机会成本的优势下生产，贸易对双方都有利"。

集中优势兵力，其实就是在局部形成比较优势。所以，以后谈起优势时,最好说"比较优势",这是一句非常有用的废话。黑石创始人苏世民在谈及人生经验时,说自己学到的第一堂课是发挥自己的比较优势:

> 千万不要被一份工作牵着鼻子走,如果仅仅是因为它薪水高、福利好、地理位置好或给你大办公室等理由;你需要关注的是:能否在工作中发挥你的优势,尤其是你的比较优势。我的第一份工作,在零售业,利用的正是我的相对劣势,所以以惨败结束。在那之后,我真正学会了拒绝那些不适合我的工作机会,不管它看上去多么诱人。最后,我发现我事业的好坏,确实取决于我在工作岗位上的表现,也就是说,是否充分发挥了我的优势。

聪明人擅长比较,是因为他们的类比能力很强。类比是大脑的脚手架,用完要拆除。我们没有必要重新发明轮子,但是要记得从头推理一次。爱因斯坦的秘诀之一,就是会亲自将要用的公式从头推导一遍。类比+第一性原理,拿来主义+独立思考,是马斯克的秘密武器。

再有,关于比较的绝对值和相对值,我的经验是:对于大数字,看比例;对于小数字,看绝对值。例如买套 500 万元的房子,假如你真的很喜欢,房价差 10 万元,其实只有 2%,不必在意;假如你要买瓶饮料,近处卖 6 元,远处卖 3 元,貌似差 100%,

但其实绝对差值只有3元，不值得省。

再说一件我经历的事。假如你打算买××公司的股票，却突然看到一则新闻：

突发！××公司总裁又卖股票了，接近2亿元！近5年，其年累计变现超20亿元，时机太精准！

套现2亿元，看起来很吓人。你会想，什么情况，难道他对自己的公司没信心了？于是你吓得不敢买那只股票了。再细看，××公司总裁有5000多万股股票，他卖的50万股连1%都不到，人家只是想改善一下生活而已。要是根据这个得出总裁对公司的态度，那就陷入了"绝对值迷惑相对值"的陷阱。

对于教育孩子，更别掉入比较的陷阱。单一维度的竞争，不会有真正的赢家。教育更是如此。教育部禁止各地搞分数排名，绝对英明。就像《星际穿越》里说的，买条裤子还需要两个数字，为什么一个孩子的未来可以用一个数字决定？

人生有太多维度，孩子有太多可能，简单粗暴的比较是对未来的伤害。

黑塞说：幸福是一种方法，不是一样东西；是一种才能，不是一个目标。

不是每个人都非要驶入所谓的快车道，也不是每个挤入了所谓"上升赛道"的人最后都真的上升了。打好手上的牌,别老想着抓王炸。可以有一个野心,但最好是自己的真爱,并且循序渐进,坚持到底。不要总和别人比较财富和幸福的绝对值。

有些人可以不断提升自己幸运的绝对值,却不能改变自己命运中"幸运和不幸的比例"。而我们对幸福的感知,如同我们对冷热的感受,恰恰是来自比较和比例。

比较是万恶之源,比较也是我们生存和进化的基础,明白了关于"比较"的科学原理和人生道理,海明威的那句话就显得没那么鸡汤了:优于别人,并不高贵,真正的高贵应该是优于过去的自己。

你是自己命运的设计师

法则五

没人能够替你设计好运。

只有你自己，可以与这个充满未知的世界一起，来设计你独一无二的命运。然而，我们命运上的不自由，往往因为与他人的比较而产生。萨特说"他人即地狱"，是指自我若不能正确对待他人的目光，那么他人就是自我的地狱。然而，我们自小就被他人的评价支配着，无处不在的评价系统称量着每个人在这个世俗世界的名利斤两。如果没有内在的评价系统，那么他人对你的评价同样是自我的地狱。

成为自己命运的设计师，你必须独立思考，有主见，但又能谋求他人的帮助，这样才能实现好运。以下是 6 个要点。

1. 你是天选之人。没有任何人和你一样，你如此与众不同，一定肩负着某个使命，来完成某个任务。相信自己是天选之人，并非狂妄自大。我喜欢我的儿子在四岁多时说过的一句话，那次他钻到床底下帮妈妈捡东西，妈妈感谢他，他说："妈妈，你应该感谢上帝创造了我来帮助你。"

2. 没人能够伤害你。的确，很多时候，我们不是被命运击垮的，而是被他人的眼光、评价和比较击垮的。斯多葛学派的爱比克泰德说："只要你不想，就没有人能够伤害你。因为，只有你认为自己受到了伤害，你才会因为受到伤害而痛苦。"

3. 和运气好的人在一起。据说拿破仑曾说，他想要的是一个好运将军。这句话看似迷信，其实自有其道理。如果一个人一直走好运，那么他一定是做对了什么。这种幸运的背后，可能是道德、能力与合作精神。选择和运气好的人在一起，并且努力让自己配上与对方的友谊。

4. 理性定义朋友。爱比克泰德说："于顺境中交朋友只需费举手之劳；在困厄时寻找友谊简直比登天还难。"当然，我们不必对朋友的定义过于严苛。在阿尔弗雷德·孟塔培看来，所有持久的生意都建立在朋友关系之上。这并不可耻。约翰·D.洛克菲勒则更直接，他说："建立在生意关系上的朋友关系，比建立在朋友关系上的生意关系好得多。"

5. 你不是受害者，你是幸存者。芒格说过一段极其理性的话："我不会因为人性而感到意外，也不会花太多时间感受背叛。我总是低下头调整自己去适应这类事情，我不喜欢任何成为受害者的感觉。我不是受害者，我是幸存者。"

6. 爬起来继续前进。只要你还能够这样做，就证明好运还在你手中。努力让自己比那些糟糕的事物活得更久一些，浓雾终将散去，太阳总会升起。

能够设计自己好运的人，对这个世界充满希望，但又不抱奢望；对朋友十分坦诚，却不在意一定要有回报；对敌人充满愤怒，但绝不纠结。愿你既能享受独自一人的夜晚，又有诸多朋友在炉火边开怀畅饮。

比尔·盖茨说："你永远也无法知道整个宇宙是否就为我而存在，而这是可能的。如果是这样，那肯定对我特别有利，我必须接受。"这个态度够自负，但看上去是个聪明的思想训练，似乎也能带来好运。

第

6

幕

人生
生而被缚

人生的束缚

起初,我是在咖啡馆里写下本章的文字。2014年,我每天下午送伯乐去幼儿园,送和接之间的3小时,像是束缚中的一段自由,于是大多待在咖啡馆。而接送孩子又像移民后自由生活里的一段束缚。也因为这自由之中的束缚的自由,我才会有空自由思考——于文字的束缚里。

这章文字几乎就是为自己而写。它没有太多对阅读者的取悦,写作者也没有刻意秀智商、秀深度、秀系统。那时,我甚至没意识到自己已经年过四十,所谓对束缚的理解,像是青春尾巴不甘成熟但又若有所思的挣扎。

确切而言,热力学第二定律才是一切束缚的源头。这一统治了当下已知宇宙的定律,处心积虑地打翻我们的牛奶,让我们担心的事情终将发生,令时间一去不复返;它摧毁青春的容颜,使食物腐烂,为一切生命体设定死期。总之,热力学第二定律仿佛能够猜透我们的心思,千方百计地设计"将事物变得更糟糕"。

但是另外一方面,物质和能量的随机扩散似乎是万事万物得以运转的根源,甚至也可能是时间和自由意志存在的原因。例如,当无序扩散的分子被装入发动机,就能够驱动汽车,快速带你去另外一个地方,让你对抗重力和时间的束缚。又如,在淤泥里长出的荷花,之所以没有成为更污的淤泥,是因为荷花基因里的信息束缚利用了淤泥里的随机性。

于是,人类的几乎所有努力,与其说是对抗熵增,不如说是通过制造"束缚",利用物质和能量的随机扩散来做功,来生长,来自我延续。正如我们将自己有限的大脑束缚在孤独的头盖骨里,却可以用它去探索无尽的宇宙。

监狱上空的《费加罗的婚礼》

仿佛来自漫无边际的星空,我脑海里常浮现童年时工厂里的高音喇叭声。那本是计划经济链条的一部分,播着通知、音乐,象征着灌输与覆盖。记忆里,空气中歌声高亢,蓝天白云如布景,爸爸妈妈辛勤地工作,孩子们羊儿般四处游玩。

那种被束缚强化的旋律,如《肖申克的救赎》里著名的高潮:男主角不顾一切,相对于其漫长的越狱计划而言极不理性地放《费加罗的婚礼》,当他将莫扎特的音乐切换到广播模式时,高音喇叭的魔力出现了:

我到今天也始终不明白,这两个意大利女人在唱什么。事实上,我也不想明白。有些东西不说更好。我想,那是非笔墨可形容的美妙境界，然而却令你如此心伤。

那声音飞扬，高远入云，超过任何在禁锢中的囚犯所梦，仿佛一只美丽的小鸟，飞入这灰色的鸟笼，让那些围墙消失，令铁窗中的所有犯人感到一刻的自由。

在这个本身不对我有束缚意义（也因此其实反而被深深束缚）的写作中，本章想写"束缚"和"枷锁"及其统治下的自由，由我——一个被深深束缚的个体。

这个主题早就潜伏在"孤独大脑"的名字里，只是现在才冒出来（当我从另外一些枷锁中出出入入时）。

神经元的彼此捆绑

自由与束缚像人生秋千的两头。人们在束缚中追求自由，在自由中自我束缚。

上帝为人类设计了三种束缚：万有引力、时光、大脑。

万有引力将世界固定在星球表面，同时赋予人跳跃、飞翔、隆胸、壮阳等与引力对抗的乐趣。

时光之不可挣脱的束缚。还有比不可逆的时间更完美的设计吗？假如时间可倒流，人和人之间、人与时间之间、人与回忆、美妙的幻想、艳遇，全都成了此生无法相交的孤魂野鬼。你的儿子可能是你的爷爷，所以便没有了父子，没有失去和得到，没有忠诚与背叛，没有牢狱和越狱……

而大脑，天生住在人体最坚硬的束缚里，而其核心功能，也是如此。

《进化的大脑：赋予我们爱情、记忆和美梦》说：假如大脑是一块泥土，那么雕刻不仅仅是除去失活或低效的部分，更是在活跃区域产生新的连接（轴突、树突和突触）。

大脑是一种捆绑与束缚的结果。神经元的构成，像镣铐。镣铐是一种连接形式，如婚姻、家庭、商业、法律、国家等。

神经元之间的连接网络：一个人在出生之前，脑中的1000亿个神经元已经几乎全部准备好，而神经元之间的连接网络则是十分稀疏的。因为胎儿未能意识思考，故此，他只会凭外界的刺激制造连接网络。

人脑的神经元数量差不多，所以一个人的聪明程度不是由神经元的数目决定的，而是由神经元之间的连接网络决定的。此外，或许还包括连接的形式与强度。

任何声音、景物、身体活动，只要是新的（第一次），都会使得脑里某些神经元的树突和轴突生长，与其他神经元连接，构成新的网络。当同样的刺激第二次出现时，会使第一次建立的网络再次活跃。也就是说,新网络只能在有新刺激的情况下产生。一个人的一生之中,不断有新的网络产生,同时也有旧的网络萎缩、消失。

当一个人"知道"得越多时,神经元之间的彼此"绑缚"就越多。神经元单个是枷锁,整体是枷锁,工作原理是枷锁,对人的影响更是枷锁。

熵增的束缚,束缚的熵增

一切束缚的背后似乎都是热力学第二定律在起作用。该定律表述了热力学过程的不可逆性——孤立系统自发地朝着热力学平衡方向最大熵状态演化。

现在已有大量的实验证明:热力学系统从一个平衡态到另一个平衡态的过程中,其熵永不减少;若过程可逆,则熵不变;若不可逆,则熵增加。这就是熵增原理。

我喜欢玻尔兹曼对熵的微观解释——系统微观粒子的无序程度的度量。他将随机性、混乱、概率引入科学,令熵这一概念成为信息论、生态学等领域的内核。玻尔兹曼提出:

- 熵增过程确实并非一个单调过程,但对于一个宏观系统,熵增出现的概率要比熵减出现的概率大得多;
- 即使达到热平衡,熵也会围绕其最大值出现一定的涨落,且幅度越大的涨落出现的概率越小。

熵增原理，以"墨菲定律"的面貌潜入人间，它千方百计地和你作对：你旁边的队伍总是比你选来选去的队伍快，你一旦换过去，你原来的队伍又快了；你刚刚买入一只股票，股价就跌，好像几十、几百亿资金都等着割你的韭菜。

表面来看，物质和能量的自发扩散过程都只朝着更加混乱的方向发展。但是，如果我们给"无序扩散"以束缚，会发生什么？《存在与科学》一书里写道：

然而令人惊讶的是，这种自然的无序扩散可以创造出精致的结构。这种扩散如果发生在引擎中，就可以让机器吊起砖块建造教堂；这种扩散如果发生在种子里，就可以让分子形成花朵；这种扩散如果发生在你的身体里，在你的大脑中随机的电流和分子就可能会被加工成想法。

没错，我们用"束缚的熵增"来对抗"熵增的束缚"。又或者，很难说这是某种对抗关系。二者更像是弓和弦，在彼此"对抗"的张力中，时光之箭被射出，自由意志得以实现，一个人的命运在偶然的世界里划出必然的轨迹。

24种枷锁

本质上，人类的束缚都来自万有引力与不可逆的时间（二者相当于计算机里的0和1）。又可以将束缚粗略地划为：身体的束缚，头脑（或内心）的束缚。如唐僧与悟空，他们那介于师徒、父子、哥们儿、情侣间的真爱，就是通过彼此念紧箍咒、用金箍棒画圈的方式来表达的。

人类生来是赤裸裸的。枷锁是人类的衣装，五花八门（其分类标准比衣服还不科学），请允许我随机罗列如下。

枷锁1 不确定性

不确定性是宇宙的基本秩序之一。

对不确定性的不同感受，可以用来区隔青少年与中老年。不确定性是青少年眼中充满无限可能的未知世界：

- 是不计算投入与产出的梦想；
- 是不评估繁衍组合的爱（虽然基本上来自繁衍冲动）；
- 是无知者无畏和无产者无惧。

不确定性是中老年眼中的陷阱与毒蛇。可以的话，他们愿意花钱摆平一切让自己不安的不确定性。不确定性是我们头上的紧箍，让我们睡不着觉，让亡命天涯的逃犯宁可自首——为脱离那充满巨大不确定性的惶惶不可终日。

布鲁斯说：概率和结果之间存在巨大的差异。可能的事情没有发生，不可能的事情却发生了。

我们不喜欢不确定性，是在我们（自以为）确定自己需要什么以后，或者是我们确定自己即将或者已经拥有什么。在成年人眼中，不确定性即风险。

霍华德·马克斯认为应对风险是投资中的根本因素。所以我们需要理解风险，识别风险，控制风险。

风险只存在于未来。人对未来的态度多半会经历从"期待"到"害怕"的过程，枷锁因此而生。

关于风险，马克斯讲过一个故事：他的父亲听说有一场只有一匹马参加的比赛，于是押上付房租的钱（可能有人押了其他退出比赛之前的马）。结果比赛过半时那匹马跑掉了。他以此说明：我们常听说"最坏情况"预测，但是结果往往显示预测的程度还不够坏。

枷锁2　墨菲定律+熵

"打翻了牛奶，哭也没用，因为宇宙间的一切力量都在处心积虑地把牛奶打翻。"毛姆很早就在《人性的枷锁》中如此生动地阐述过墨菲定律。

墨菲定律是这样的：

1. 如果事情有可能变坏，它就一定会变坏；
2. 如果事情有可能变坏，它通常会在最不合适的时机变坏；
3. 如果有人能把事情搞糟糕，他们就一定会把事情搞糟糕（巴菲特喜欢傻瓜也能经营好的公司，因为公司迟早会落到傻瓜手里）；
4. 如果有几件事情可能变糟糕，那件你最不希望变糟的事情就会发生；
5. 如果你能想到事情可能会变坏的四种方式，它就会以第五种方式出现。

人类有一种大约来自原始丛林的本能：对意料之外的事情产生超量的生理反应。为了生存，这种放大可能是值得的。然而，现代人不断膨胀的欲求正在令这种指数级增长的放大成为负资产。

有这样一个段子。

青年："大师，我期末辛苦准备了很久，成绩却还是不好，GPA（平均学分绩点）降了好多，有什么方法能让GPA只升不降吗？"

禅师浅笑，答："潮涨潮落，月圆月缺，这世上可有什么规律是一直增长却断然不会下降的？"

青年略一沉吟，说："熵。"

孤立系统的熵值永远是增加的。化学及热力学中所说的熵，是一种测量在动力学方面不能做功的能量总数，也就是当总体的熵增加，其做功能力也下降，熵的量度正是能量退化的指标。熵亦被用于计算一个系统中的失序现象，也就是计算该系统混乱的程度。根据熵的统计学定义，热力学第二定律说明一个孤立系统倾向于增加混乱程度。

在信息论中，熵被用来衡量一个随机变数出现的期望值。它代表了在被接收之前，信号传输过程中损失的资讯量，又被称为信息熵。熵是对不确定性的测量。在信息世界，熵越高，则传输的信息越多；熵越低，则意味着传输的信息越少。

简而言之，一个孤立系统越来越乱，枷锁越来越紧，人对这种乱的恐惧也越来越强，束缚感越来越重。

当一个人无法打破自己的孤立系统，通过情感、阅读、破坏、信仰……便将成为被宇宙中这股难以逆转的力量打翻的一杯牛奶。

然而，墨菲定律并非只干坏事，有时候，墨菲定律为我们带来绝望之中的希望。请看《星际穿越》里的父亲对女儿说的话："墨菲定律并不是说会有坏事发生，而是说只要有可能，坏事就一定会发生。"

枷锁3　感情的枷锁

对于感情的枷锁，养狗的人恐怕都深有体会。毛姆如此解构：

生活中就有这样的事：你接连数月每天都碰到一个人，于是你同他的关系便十分亲密起来，你当时甚至会想没有了这个人不知怎么生活。随后两人分离了，但一切仍按先前的方式进行。你原先认为一刻也离不开的伙伴，此时却变得可有可无。日复一日，久而久之，你甚至连想都不想他了。

然后你又碰到别的什么人，周而复始，其中有一直伴你左右的那几个真爱（核心枷锁）。

我慢慢发现，你需要讨好的具体的人会越来越少。但是，我们不该因此放弃对人类的普遍意义上的爱，尤其是对孩子们的无条件的爱。

枷锁4　欲望与贪婪

沙漠隐修士埃瓦格里乌斯·庞帝古斯定义出八种损害个人灵性的恶行，分别是贪食、色欲、贪婪、悲叹、暴怒、懒惰、自负及傲慢。

六世纪后期，教宗格里高利一世将八种恶行减至七项，将自负并入骄傲，悲叹并入懒惰，并加入嫉妒。他的排序准则在于对爱的违背程度：傲慢、嫉妒、愤怒、懒惰、贪婪、暴食、色欲。

欲望是一种"可食用"的枷锁。

每当人们通过满足某个欲望而短暂地摆脱该欲望枷锁时，该枷锁很快便加倍地卷土重来。

就像喝海水，越喝越渴。

枷锁5　条件反射

几乎所有关于人如何犯傻、人的直觉如何可笑、决策如何不理性的研究，都会指向人类来自丛林时代的条件反射。

所谓理性，就是反条件反射，但当"反条件反射"成为一种条件反射呢？就像"逆向思维"固然可贵，刻意的"逆向思维"则愚蠢可笑。

枷锁6　上瘾

每个人都有自己的瘾。

瘾是指一种重复性的强迫行为，即使在知道这些行为可能造成不良后果的情形下，仍然持续重复。这种行为可能因中枢神经系统功能失调造成，重复这些行为也可以反过来造成神经功能受损。

瘾被用于描述精神强迫或者过度的心理依赖，例如物质依赖、药物滥用、酒瘾、烟瘾，或是持续出现特定行为（赌博、暴食），如网瘾、赌瘾、官瘾、财迷、工作狂、暴食症、色情狂、跟踪狂、整形迷恋及购物狂等，这是生理或者心理上，甚至是同时具备的一种依赖症。

温和的上瘾，成就了烟、酒、咖啡、茶、休闲食品等行业。

互联网和手机，将人变成不断点击屏幕的小白鼠。

而有所成就的人，最大的特点就是对某事终生上瘾。

此外，明末张岱说："人无癖不可与交，以其无深情也。"

因为，自己可以没枷锁的人，极可能很自如地给别人套上枷锁。

枷锁7　习惯的力量

如前面提及的神经元，其工作原理就是：世上本没有路，走的人多了，也便成了路。神经元越蹚越粗壮，粗壮到可以无条件路径依赖，甚至毁灭一切。

一个人蠢事干多了，会蠢到让自己感动。

巴菲特曾告诫投资者："习惯的链条在重到断裂之前，总是轻到难以察觉。"

这类枷锁，无处不在，难以挣脱，杀人于无形。

人从不因对自己的某个习性之痛悔而改变它。恰恰相反，那痛悔是用来强化自己对该习性的享受的。

枷锁8 "拥有"的错觉

有人写道，柏拉图的"洞穴寓言"假定有个洞穴，有人生下来就住在里面。脖子不能自由扭转，只能朝一个方向看。身后有火燃烧，将他们的影子投射在前面的石壁上。自然而然，他们就会把虚幻的影像看作实在的东西。但他们对于造成这些影子的火和他们自己，却都毫无知觉。所以教育有两种，差别就在于是按住还是扭动你的脖子。

商品社会的秘密，就是我们常用"占有某物"自欺已"拥有某物"。

- 买堆书便以为读了；
- 后宫三千就艳福齐天了；
- 办张健身卡就健身了；
- 换部 iPhone 就智能了。

销售"拥有感"是许多商品的本质。其价格取决于该"拥有错觉"的用户焦虑度与制造成本。

故奢侈品总试图提供高难度的幻觉，而不可能真正拥有物的占有替代品最贵，如时间（这方面的商品有手表、化妆品、整容、包养的年轻异性、私人飞机等）。

枷锁9 追求价值、稀缺、财富

小孩子无所谓价值，小孩子无所事事，小孩子选自己喜欢的而非值钱的，小孩子不算投入产出比，所以小孩子快乐。

"黄金的枷锁是最重的。"巴尔扎克说。

枷锁10 斯德哥尔摩综合征

1973年斯德哥尔摩发生了一桩银行抢劫案。4名人质数月后仍对劫匪显露出怜悯的情感，并对警察采取敌对态度。

研究者发现这种综合征的例子见于各种不同的案例，从集中营的囚犯、战俘与乱伦的受害者，都可能发生斯德哥尔摩综合征。男女皆可能有此症状，女性的比例比较高。

美国联邦调查局的人质数据库显示，大约27%的人质表现出斯德哥尔摩综合征的症状。

据心理学家的研究，情感上会依赖他人且容易被感动的人，若遇到类似的状况，很容易产生斯德哥尔摩综合征。

枷锁11 讨厌改变，渴望稳定性

布里萨说：只有尿湿裤子的孩子才喜欢改变。

不喜欢改变，是因为渴望现状的稳定感。建筑行业过高的荣誉便是基于人们对牢靠（通常以体量和设计感来夸大牢靠）支付的溢价。

如加尔布雷斯所言：当面临要么改变想法，要么证明无须这么做的选择时，绝大多数人都会忙于收集证据。人的大脑有极强的说服自己的能力，而且可以令枷锁毫无痕迹。

最难改变的是观念。观念的改变，开始时多表现为负收益。但正如彼得·德鲁克的真知：观念的变化不能改变现实，但能改变现实的意义。

改变，也是一种相对状态。当众人都被一种理所当然的趋势裹挟时，不改变亦为某种"改变"。

巴菲特说：就互联网的情况而言，改变是社会的朋友，但一般来说，不改变才是投资者的朋友。

"虽然互联网将会改变许多东西，但它不会改变人们喜欢的口香糖牌子。查理和我喜欢像口香糖企业这样稳定的事物，努力把生活中更多不可预料的事情留给其他人。"

枷锁12　厌恶损失

人们通常只理解了"损失厌恶症"的一半。

损失厌恶，又叫损失规避，是指当人们面对同样数量的收益和损失时，认为损失更加令他们难以忍受。具体来说，损失带来的负效用为收益正效用的 $2 \sim 2.5$ 倍。但是，大多数人的理解到此为止了。

事实上，损失厌恶反映了人们的风险偏好的某种不对称性：

- 当涉及的是收益时，人们表现为风险厌恶；
- 当涉及的是损失时，人们则表现为风险寻求。

简单来说，当赚钱的时候，人们愿意为赚确定性的小钱放弃不确定性的大钱，尽管后者的期望值更高。

这也是我的"概率权"这一概念的意思。

但是，当亏钱的时候，人们反而更愿意为不确定性而冒险。

还有另外一种短视损失厌恶——人们投资的时候，喜欢短期里赌一把，而对长期的资产配置却很保守。

枷锁13 转移成本

帕特·多尔西将巴菲特的护城河总结为：无形资产、转换成本、网络经济、成本优势。"无形资产"是心智枷锁，"转换成本"是行为枷锁。

现在的互联网就是靠这种枷锁赚钱的，脸书靠人际枷锁，谷歌靠信息枷锁，银行靠账户枷锁。苹果更不用说了，一种让你觉得很顺很爽的硬件＋软件枷锁。

伟大的公司都致力于提供一种强大而舒服（甚至能带来高

潮）的枷锁。

伟大的制度也是，如婚姻。所有的证书、仪式、求婚、钻戒、证婚人、酒席、伴郎、伴娘，都是以提升转移成本的方式来构建美好且符合人类繁衍使命的制度。

枷锁14 不属于你（亦无须拥有的）的东西

为不属于你（亦无须拥有的）的东西而高兴、悲哀甚至赌博，这很蠢，但也很流行。

轻松如《围城》里钱锺书调侃的，大家谈起自己在战乱中损失的家产，会凭空多出许多美宅良田。

常见如人们聊及自己的投资，总会耿耿于怀于某几只"几乎买定了，却因为很偶然的原因没买成，然后一飞冲天"的股票。

高级如"长期资本管理公司"之破产，这家有两位诺奖得主担任董事的基金公司，使用了最高达250倍的杠杆，其策略被喻为"推土机前捡5分"（相对于一句市场效率性的格言：街道上不可能有100美元，因为早就被别人捡走了）——有很大机会赚得小额利润，却有很小机会造成巨额亏损。结果，它四个月亏损46亿美元。

巴菲特对此的评价是："为你并不需要的东西，付出你不能承担的损失。"

长期资本管理公司也暴露了人类的一个缺陷："人脑先天就

缺乏直观理解小概率事件的能力。这也是进化的结果，要是老担心小概率事件（如遭雷击、大地震）的话，人就没法活了。所以对小概率事件的重要性，人们通常估计不足。如果这些小概率事件会带来大影响，我们的认知限制就会严重影响我们的预见能力。"

枷锁15 自欺欺人

自欺欺人，是指你想要的根本不是你真正想要的。马克斯称自欺欺人为"人们容易放弃逻辑、历史和规范的倾向"。

在人类文明的历程中，所有的成果几乎都会被拿来用于自欺欺人。

查理·芒格引用德摩斯梯尼的话做点评："自欺欺人是最简单的，因为人总是相信他所希望的。"

所谓聪明反被聪明误，恰恰是聪明人自欺时更有逻辑，更为雄辩，有更多说服自己的工具。

枷锁16 先入为主

我写过一篇名为《先入为主》的文章，里面有几个有趣的例子：

1. 人有强烈的先入为主的冲动；

2. 人有追求精确答案的过度自信（尽管越粗略，你越可能不犯错）；
3. 你一旦发现某个貌似有趣的（先入为主的）假设，就很容易陶醉其中，就像探寻数列模式时，做出"偶数、连续、升序"的假设；
4. 一旦你陶醉于某个先入为主的假设，你就像有了一把锤子，然后反复用其去敲打，进而被该假设彻底套牢；
5. 就像下围棋，只需多半目，即可取胜，可很多时候我们要去争取更大的胜利（结果付出了"增加不确定性"的代价）。

枷锁17 从众、恐惧、社会认同倾向

从众效应又被称为"跟尾狗效应"，也就是像跟在别人身后的狗一样，自己不会做出决定。

参加者只要跳上了这辆乐队花车，就能够轻松地享受游行中的音乐，又不用走路，因此英文中的片语"jumping on the bandwagon"（跳上乐队花车）就代表了"进入主流"。

在微观经济学里，从众效应影响需求和偏爱之间的互动。受从众效应影响，当购买一件商品的人数增加时，人们对它的偏爱也会增加。

芒格写道：

如果一个人自动依照他所观察到的周围人们的思考和行动方式去思考和行动，那么他就能够把一些原本很复杂的行为进行简化，而且这种从众做法往往是有效的。

例如，如果你在陌生城市想去看一场盛大的足球比赛，跟着街道上的人流走是最简单的办法。由于这样的原因，进化给人类留下了社会认同倾向，也就是一种自动根据他看到的周边人们的思考和行动方式去思考和行动的倾向。

从众可能和在狮子面前集体狂奔的角马没什么区别，都源自动物恐惧与求生的本能。芒格倒是给出了一个正面利用社会认同倾向的建议：

朱迪斯·瑞奇·哈里斯对这种现象的研究取得了突破性的成果。朱迪斯证明，年轻人最尊重的是他们的同龄人，而不是他们的父母或者其他成年人，这种现象在很大程度上是由年轻人的基因决定的。

所以对于父母来说，与其教训子女，不如控制他们交往朋友的质量。后者是更明智的做法。

枷锁18 外部评分卡

烂人为什么当道？因为烂人不用过多顾及他人的感受。看看盖茨、巴菲特、乔布斯、扎克伯格等人，无一例外的都是"浑球"（并且丝毫不介意被人说是"浑球"），他们的传记里，最不缺的就是那些不管不顾的故事。

被他人评价左右自己的决策与行为，是沦为庸人的最常见方式。

为他人而活的另外一种方式是去憎恨敌人。

维托·柯里昂说："永远别恨你的敌人，那会影响你的判断力。"

枷锁19 无力感

无力感是一种主动消费。用于各类文艺创作和花前月下的个人伤感。

无力感又是一种真实体验：

1. 因为能力差；
2. 神经末梢太发达。

人们对世界的"无力感"可能是真相。平均而言，大家都是输多赢少。

赌场上的赢家胜率无须太高，比50%多一点儿即可。确切地说，期望值为正即可。

对付无力感，除了屡败屡战的斗士精神，还有在商业模式上的考量。例如，巴菲特对"具有定价权的高速公路"的追求，即是"无力感世界"里的积极探索。

枷锁20　成功学

恶即低效。

假如某样东西令大多数人"无效"，可视其为恶。例如，我们的成功学。

成功学的价值观是互为枷锁，一桌人，要么牛，要么傻。

所谓成功学，就是今天你牛我傻、你羞辱我，明天我牛你傻、我羞辱你。

中国人对于成功的定义，即所谓上人、中人、下人，每个人头顶都有一位更牛的人，心底全是失败者。

枷锁21　比较是万恶之源

有所谓的财务自由吗？

无。

有人考证，当年的首富罗斯柴尔德，论起生活品质，可能不如现在的普通人。

钱的多少，财务的自由，都是一种比较的结果。可一旦与外部比较，就谈不上自由了。查理·芒格说："如果某个物种在进化过程中经常挨饿，那么这个物种的成员在看到食物时，就会产生占有食物的强烈冲动。如果被看到的食物实际上已经被同物种的另外一个成员占有，那么这两个成员之间往往会出现冲突的局面。这可能就是深深扎根在人类本性中的艳羡/妒忌倾向的进化起源。"

行为经济学家们喜欢拿这个理论做各种实验。如：

8万元年薪，比同事多3000元。或是10万元年薪，但比同事少5000元。很多人宁可要前者。

顾客为10盎司杯子装的8盎司冰激凌付1.66美元，为5盎司杯子装的7盎司冰激凌付2.26美元。

人的大脑需要这种"比较、比例、差值、变化"来感受与衡量。

我有如下10个发散之想：

1. 人的大多数体验都是基于比值的；
2. 小孩子的时间过得慢，是因为年龄基数小，过一年相当于过此生的几分之一；

3. 边际效用递减，部分原因也是与基数的比值关系。从这一点来看，男性那种因为繁衍任务而被赋予的对异性孜孜不倦的兴趣很特别（边际效用不递减）；

4. 另一种边际效用递增的事物是知识依赖型经济；

5. 除了冰激凌的错觉（上面的例子），划定某一边界，并在其中取得绝对优势确实能增大收益（这是"宁做鸡头"的好处，巴菲特所说的待在能力圈内）；

6. 人活到1000岁会更加幸福吗？除非别人都活到100岁而你活到1000岁，因为人们对年龄的体验主要来自寿命的百分比；

7. 财富体验也是一样的；

8. 很多富豪说钱多了只是一个数字，纯属胡扯。钱是海水，越喝越渴。钱和前面所说的性一样，有着某种与众不同的特性；

9. 比较产生美。有时这种比较可在自身内部完成。例如，芭比娃娃的身材（靠自身比例），又如一个人的命运与抗争；

10. 比较是万恶之源。贪婪，嫉妒，欲望，莫不如此。

在"无"的世界里，只有通过用比较的差值除以人为界定的基数，才能营造一个光怪陆离的人间幻想。

"驱动这个世界的不是贪婪，而是妒忌。"巴菲特说，"我的本性是做那些有意义的事情。我按照我的这个本性去做事。在我的个人生活中，我也是这样的。我并不关心别的富翁在做什么；在看到别人买了一艘游艇的时候，我并不想去买一艘比他更大的船。"

可巴菲特的心底，照样有自己用于比较的标尺，只是他不和别人比。

枷锁22 SM

用百度搜"镣铐"，结果多是SM（性虐恋）。

人心底最深层的枷锁，也可能带来最深层的快感。

问：为什么有些人喜欢用绳子，甚至镣铐束缚自己？他们这样做是生理因素，还是心理因素？

答：这样的人主要是心理问题。从心理学角度看，不安全自我会创造束缚。具体来说，就是自我无安全感，彷徨和迷失，用绳子或者其他东西来营造一种束缚，为自我创造一个空间，能够自己感受自己，以求达到自我的肯定。

枷锁23 我们的原罪

部分基督教神学家认为，人是有原罪的，原罪的存在将人类和上帝隔绝，使人类终生受苦，不得解脱。

《圣经》里虽没有出现过原罪、罪性或原罪论等字眼，但《圣经》对原罪这个概念有清晰的表达。

《罗马书》第5章第12节说："这就如罪是从一人入了世界，死又是从罪来的；于是死就临到众人，因为众人都犯了罪。"

小说《罪与罚》里，杀人逃亡的大学生认识了一个为赡养家人而被迫卖淫，但信仰却极为虔诚的女子索尼娅。受其和预审官等影响，他自首，被流放到西伯利亚八年，索尼娅跟随他，他对她一直不谅解，直到她大病一场，才发现自己深爱她，决心用尽一切来补偿她。结尾，他入教以忏悔，面对神，终于得到自由。

枷锁24 "枷锁"是个伪词，枷锁就是空气

辛波斯卡在《三个最奇怪的词》里写道：

当我说"未来"这个词，第一音方出即成过去。当我说"寂静"这个词，我打破了它。当我说"无"这个词，我在无中生有。

1. "摆脱枷锁"同理，枷锁会越摆脱越紧。
2. 如果你智力强，你的精神成为枷锁；如果你情商高，你的智商成为枷锁。

3. 人们往往都是借用一个枷锁去甩开另外一个枷锁。

很多人梦想的平和生活，其实不存在。因为慢慢地，平和将成为你的枷锁，而且将越来越重。你渐渐知道，你要的是从喧嚣到平静，而非平静本身。

重要的不是枷锁，而是枷锁的戴上与消除。某种意义上，枷锁并无"重量"属性，和环境与状态的险恶也无关。本质上枷锁仍然是时间，当你很忙时，时间似匕首；当你很闲时，时间如蟒蛇。

枷锁25 九头蛇与枷锁

无法挣脱的枷锁，如同九头蛇许德拉的头，砍掉又重生。海格力斯一边砍，一边让侄子用火炬烧灼断颈令其无法重生，最后埋于土中，用大石压住，才将其消灭。

枷锁不因此而停歇。九头蛇死后，海格力斯将箭头涂上其胆部的毒汁。这些毒箭后来误伤了人马喀戎。喀戎是不死之身，但蛇毒入骨，疼痛难当，他便放弃了永生，宁愿一死，飞上天空成了人马座。

海格力斯完成12项任务后，携娇妻回家安顿。路上用毒箭射死了另一个人马涅索斯。人马死前诓骗海格力斯的妻子得伊阿尼拉，说自己的血是催生爱情的圣药，涂抹一点在衣服上，给谁穿上，谁便会一辈子忠贞不渝。

当时有谣言说海格力斯将迎娶罗尔。为了挽回丈夫的心，得伊阿尼拉便照人马所言行事。海格力斯穿上妻子所赠的新衣，九头蛇的毒液便通过涅索斯的血渗入其肌肤。他想扯下衣服，但衣服已与皮肉粘连，再无法分开。一代英雄，就此殒命。

那因爱与嫉妒而生的新衣，多像人世间无法挣脱的枷锁。

摆脱的对策

如何应对束缚？

常规想法有：

- 缩小自己
- 习以为常
- 挣脱

对于枷锁，不同的人有不同的方法。

悲观如尼采所说，人是一根系在动物和超人之间的绳子，也就是，深渊上方的绳索：走过去危险，停在中途也危险；颤抖危险，不动也危险。

乐观如迪士尼所说，挑战不可能的任务，其乐无穷。

对策1 承认枷锁是上帝最好的设计

镣铐的另外一重意思是边界。

事实上，镣铐是将世界固定在地球上的工具，假如地球没有引力，我们又只能待在地球上（且不论没有引力后对其他事物的改变），我们每个人都需要一个链子把自己拴住。

毛姆说："只要你在接受这种不幸时稍有违抗之意，那它就只能给你带来耻辱。要是你把它看作上帝恩宠的表示，看作因为见你双肩强壮，足以承受，才赐予你佩戴的一枚十字架，那么它就不再是你痛苦的根由，而会成为你幸福的源泉。"这大概是"天将降大任于斯人"的西方版。

同样的意思，有不同的版本。

1. 哈维尔：病人比健康人更懂得什么是健康，承认人生有许多虚假意义的人，更能寻找人生的信念。
2. 克尔恺郭尔：睡得少，又在醒着的全部时间里努力工作，然后承认整件事情是一个笑话——此中含有一种真正的精神严肃性。
3. 辛波斯卡：雪人，我们这儿有的 / 不全然是罪行……我们继承希望——领受遗忘的天赋。你将看到我们如何在 / 废墟生养子女。雪人，我们有莎士比亚。雪人，我们演奏提琴。雪人，在黄昏 / 我们点起灯。（女诗人想说：世界虽不完美，但甚至比世外桃源还值得眷恋。）

《加勒比海盗》里，那个不死的幽灵船长永无枷锁，当他恢复肉体并同时被射杀时，他诡异地说："我感觉到了。"

对策2 在不可挣脱的枷锁下找乐子

例如，在我看来，最美妙的阅读地点可能是马桶或飞机上（我甚至在飞机的马桶上看书）。

当屈服于不可挣脱的枷锁时，你会有难以复制的宁静与效率。

对策3 负重是有益的

沃尔夫定律：定期给骨骼施以一定的压力有益于骨密度的上升。

作为一名杠铃爱好者，塔勒布在《反脆弱》里对负重有一系列精彩的阐述。

1. 偏好压力和厌恶压力。给我们带来最大利益的并不是那些曾试图帮助我们的人，而是那些曾努力伤害我们但最终未能如愿的人。
2. 压力源即信息。
3. 学习语言最好的方法可能就是在国外被"囚禁"一段时间。
4. 稳定性是定时炸弹。

与李世石十番棋大战前，古力游览灵隐寺，老法师对他说："你的对手都是你的朋友，你的敌人是你自己。"

"同情他人是把他人当作弱者而使他人感到羞愧。对所爱的人，应锻炼他，使他提高，这才是真正的爱。"

对策4　建立强韧性

塔勒布推崇斯多葛学派的标准原则：建立强韧性，避免情绪伤害。

他在《反脆弱》里说：

> 强韧和反脆弱性的系统不必像脆弱的系统一样，后者必须精确理解这个世界，因而它们不需要预测，这让生活变得简单许多。

> 成功带来了不对称性，你现在失去的远远多于你得到的。

塞内加用以对抗这种脆弱的实用方法是，通过心理练习来弱化财产在心中的地位，这样当损失发生时，他就不会受到刺激，这是从外界环境中夺回个人自由的方式。例如，他出行时会带上在遭遇沉船风险时可能用到的东西。他会假设发生最糟的情况会怎么样。

在我看来，现代的斯多葛主义践行者就是：

能够将恐惧转化为谨慎,将痛苦转化为信息,将错误转化为启示,将欲望转化为事业的人。

对策5 假设没有,放弃控制

巴菲特保守的性格一部分来自父亲与少年时代,另一部分来自恩师格雷厄姆。

早期极为惨痛的股市动荡经历,让格雷厄姆心有余悸,使他养成了假设最坏可能的习惯:"他看待企业时更多考虑的是倒闭价值而不是存活价值,大多数时候都按照公司已经关闭,即关门并被清算时的价值来思考一只股票的价值。"

卢梭说:人是生而自由的,但却无不在枷锁之中。自以为是其他一切人的主人,反比其他一切人更是奴隶。

假设"我没有",便会如罗曼·罗兰所言:"一无所有的人是有福的,因为他们将获得一切!"

类似的思路,也可以用于应对墨菲定律。在许多其他情境中,你都可以轻易地运用墨菲定律来恢复对情绪的控制。这里列出两个可以试用此定律的情境:

1. 下次当你丢了很重要的东西时,你不妨期待会在最后一个找过的地方找到它。别心存侥幸地认为第一时间就可以发现它。

2. 当你在一家有多个收银台的大型商场排队结账时，你要期待别的队伍会移动得更快。试一下转移到其他较短的队伍中，想换几次就换几次，但是一定要预料到你转到的那个队伍会是最慢的。

对策6 "避免痛苦"优先于"追逐得到"

亚里士多德在《尼各马可伦理学》里写道："明智人士所致力的是免于痛苦，而不是寻求快乐。"

伏尔泰说：快乐不过是梦，忧伤却是现实的。

叔本华进一步延伸：

痛苦给人的感觉是不折不扣的，快乐的标准就是没有痛苦。如果我们没有遭受痛苦，而且又不觉得生活枯燥，世上快乐的必要条件都已经达到了，其他一切都是虚妄的。

所以，枷锁是忧伤，是痛苦，快乐需要建立在其存在感上。

他继续说："我们之所以获得生命，不是去享受此生，而是克服此生的困难——走完人生的路。"

以上这些话的潜台词是：要避免成为人生的输家，而非成为人生的赢家。

听起来这像是两种不同的策略。埃利斯在《赢得输家的游戏》一书中的观点如下。

1. 网球比赛分为两种：职业比赛和业余比赛。在职业比赛中，选手可以利用自己卓越的技术来主动得分；而在业余比赛中，选手是通过少失误来赢得比赛的。这就是所谓的"输家的游戏"。
2. 投资已经变成"输家的游戏"。
3. 个人投资者从获得信息的渠道、拥有的时间和资金量上，都无法与专业投资者相抗衡，而专业投资者之间的竞争同样激烈，他们之中也没有人能够长久地维持某种优势。
4. 要想在投资中获胜，只有减少自己的失误，而减少失误的方法只有一种，就是购买市场。市场是巴菲特、索罗斯、林奇以及无数聪明的投资者共同努力的结果，购买市场——也就是购买指数——其实就是让这些伟大的人物成为你的"投资梦之队"中的一员，为你出谋划策，这会使你拥有"不公平"的优势。

作者给出的"不战而胜"的建议是：买指数基金。可多少人可以做到呢？人们潜意识里总觉得自己属于那较聪明的10%。在2014年12月初中国A股的狂飙中，能够跑赢指数的人占多少？

一盘棋常常是双方轮流走臭棋，走到最后那手臭棋的人输。

避免走臭棋是最好的妙手。

"搞清什么因素会使你面临失败，然后尽量避免。"脸书远非第一个社交网络，Friendster 就曾很火爆，但因增速过快导致后端跟不上而死掉。脸书则对新注册量进行了严格控制，每次只增加一个学校，直到确保基础设施能够承载这一流量才继续开放。

扎克伯格正确地发现了一种足以导致脸书失败的因素，并努力确保脸书没有成为其牺牲品。

芒格说，只要得到严格的遵守，光是"避免犯傻的芒格体系"就能帮助你超越许多在你之上的人，无论他们有多么聪明。

对策7　减少保持快乐的条件

叔本华说：我们要小心，不要把人生的幸福建筑在过于宽泛的基础上，不能要求拥有许多条件以保持快乐。

要是建筑在宽泛的基础上，最容易受到破坏，遭遇到不幸的机会也因此增加——不幸的事总是随时发生。

在其他的事情上，似乎基础越广阔，安全性就越大。"快乐"的建构所依据的蓝图，与前面所述的情况恰恰相反。

所以，把你的要求降到最低限度，是避免极端不幸最可靠的途径。

各种做减法、断舍离的鸡汤多为此类主张。

对策8 专注、不搏二兔、一把钥匙

专注可能是一切品质中最重要的一个，也是巴菲特、乔布斯、盖茨、扎克伯格、吴清源等人的最大公约数。

聂卫平在吴清源去世后回忆说："吴清源先生一生执着棋艺，心无旁骛，他也是这么要求其他棋手的。有一年我在日本，与沈君山神侃桥牌，一边的吴清源先生听到后，主动走过来很认真地对我说，'搏二兔，不得一兔'。"

一辈子尽量用同一把钥匙，去开同一种锁芯的锁（锁的外在形式可能是多种多样的）。

真能开多种锁芯的钥匙，毕竟是少数。

跨界是平庸者（他们未曾真正打开什么）的庇护所。

对策9 人生就像一场火灾

问：卢浮宫发生火灾，你要救一幅画，救哪幅？

答：（未必那么严谨的）离窗户最近的那幅。

这一问答涉及本章的多个元素：边界、安全边际、聚焦、最坏打算等。

此外，如盖茨所说："人生就像一场火灾，你总要抢救一些什么。"

人生就是一场盛大的赴约。

强烈的动机比资源、专业更重要。

乔布斯年轻时，冥冥中觉得："我可能活不久。"他或许因此而暴怒、专注、死磕。

在层层包裹的人生枷锁中，瞄准某个点，用锥子执着地扎，如同《肖申克的救赎》里的那次伟大越狱。

对策10 简单化

扎克伯格简单化的着装是为了不分一丁点儿神。

谷歌首页简单是为了节省每一毫秒。

苹果的简单："我们所做的其实是抛弃设计。我们认为，秉承着这种理念设计产品，设计就不仅仅是武断的形状，反而给人感觉是一种必然，好似浑然天成。"

巴菲特也喜欢简单的东西。简单和永恒是巴菲特从一家企业里挖掘出来并珍藏的东西。他喜欢那些产品变化不大、竞争优势明显的企业。

"可口可乐生产浓缩原浆，在某些情况下直接制成饮料，卖给那些获得授权的批发商和零售商进行灌装。"这句话一个世纪以来一直出现在可口可乐的每份年报中。

巴菲特喜欢收购企业，但是不喜欢出售企业，回避那些拥有大型工厂、技术变化很快的企业，也回避那些劳保费用高、养老负担重、产品变化大的企业。

他也不喜欢雇员跳槽，他的伯克希尔-哈撒韦很少有哪个企业的经理辞职，除非病故或者退休。半个世纪以来，伯克希尔-哈撒韦从未发生什么变化。

可是，以上简单几乎都是"化繁为简"的结果。简单化的简单毫无价值。

所以，简单化的巴菲特仍然会去买苹果的股票。

对策11 弃子争先

围棋十诀：（1）不得贪胜；（2）入界宜缓；（3）攻彼顾我；（4）弃子争先；（5）舍小就大；（6）逢危须弃；（7）慎勿轻速；（8）动须相应；（9）彼强自保；（10）势孤取和。

其中，（4）（5）（6）都和弃子有关。

围棋发烧友金庸在《天龙八部》里，描述了虚竹无意间破解逍遥派"聋哑先生"苏星河的珍珑棋局（无崖子所摆下的），其要点即弃子自杀一块棋。

虚竹的师傅玄难道："这局棋本来纠缠于得失胜败之中，以致无可破解，虚竹这一着，不着意于生死，更不着意于胜败，反而勘破了生死，得到解脱。"

金庸评："这个珍珑变幻百端，因人而施，爱财者因贪失误，易怒者由愤坏事。段誉之败，在于爱心太重，不肯弃子；慕容复之失，由于执着权势，勇于弃子，却说什么也不肯失势。"

库克从乔布斯那里学到的正是"弃子":最难的决定是"不做什么"。

对个人和公司而言,最难的都是你要放弃"不好的想法、一般的想法和次优的想法",专注于几种产品,做到最好。

库克回忆说,人们往往记得乔布斯的才华,却忽略了他的专注力,大家会奇怪他为什么总穿同样的衣服,因为他要消除一些不必要的事情。

1997年回到快破产的苹果,乔布斯传达了一个理念,决定不做什么跟决定做什么一样重要。他迅速砍掉了没特色的业务,并告诉同僚,不必保证每个决定都是正确的,只要大多数的决定正确即可,因此不必害怕。

这还不够。在一次产品战略会上,他在白板上画了个2×2的矩阵图(乔布斯非常喜欢画这种图),在两列顶端写上"消费级""专业级",在两行标题写上"台式"和"便携","我们的工作就是做四个伟大的产品,每格一个"。这便是Power Macintosh G3、Powerbook G3、iMac、iBook四款产品。

苹果1997年亏损10.4亿美元,1998年赢利3.09亿美元,起死回生。15年后,成为全球最有价值的公司。

对策12 学会收束

人生越来越局促这一点,有点儿像围棋。象棋是越走子越少，空间越大。围棋则相反，空间越来越小，子越来越多。围棋高手通常都是定型高手，尤其是那些胜率较高的人，如小林光一、李昌镐等，见好就收，迅速巩固胜势。

不过，人生的收束绝非决定"何时干完最后一票"那么简单。

反正电影里，反派人物说了"这是我最后一次抢银行"（或正派人物说了"这是我最后一次执行任务"），通常都得死掉。

对策13 骑射、蒙古军、闪电战

马背上快速行进中的战斗力：

1. 胡服骑射。赵武灵王被梁启超认为是自商周以来四千余年的第一伟人，他建议学习胡人的短打服饰、骑马射箭，他观察到匈奴骑兵的优点在于机动和灵活性。
2. 同是游牧民族的蒙古，在成吉思汗的率领下，以一二十万人的军队横扫欧亚大陆。
3. 闪电战。

贝佐斯的四个秘密武器之一就是：高速决策。

他说，当你获得了七成所需信息后，大部分决策就可以成形了。

若你要求信息量达到 90%，大多数情况下，你的决策就有些慢了。

对策14 负重思考

荆轲的助手秦舞阳，是 12 岁时便杀过人的勇士。但到了秦国朝堂，不由得害怕得发起抖来。

重的思考与负重下的思考是两回事情。

现实中，多是难的、没头绪的简单事情，而非简单的难事，即负重下的轻思考。

应付镣铐的情绪可能比打开镣铐的技巧更重要。这就是为什么情商比智商更重要。

有些人擅长干复杂的简单事情，而有些人擅长干简单的复杂事情。后者更适合在一个封闭的环境里工作，而前者则能在现实的混乱中如鱼得水。

有些人会给自己戴上枷锁。

丽萨回忆自己的父亲乔布斯时说："他的人生哲学就是自我约束、苦行、追求极简。"

也有《V 字仇杀队》里男主角"强加"给女主角的那种枷锁。

然后，戴着枷锁起舞。

对策15 待在边界内

格雷厄姆说:男人的麻烦大多是因为不喜欢待在房间里。

巴菲特的安全边际可以理解为:给枷锁和人体之间留下空间。这样我们会舒服很多。他和芒格从来不愿意为某个投资付出睡不好觉的代价,不管那个投资多么好。

有人告诫亚历山大大帝:"如果有一样东西是一个成功的人应该首先了解的,那就是知道什么时候停下来。"

拿破仑、安然公司等都惨败于那无法抑制的野心。

对策16 "完成"比"完美"更重要

罗伯特·清崎说:

总想避开错误会使人变得愚蠢,而要绝对正确则说明你已过时。

脸书的原则是,先搞定,再慢慢完善。完成比完美更重要。

有决策好过没决策,然后才是决策的好与坏。

生活中并不是有很多个时刻,如同巴菲特的重大投资决策。他打比方说,我们一辈子就打20个孔(核心投资决策)。

人生并非寻找一种完美的飞行方式,人生就是跌跌撞撞,勇往直前。

完美主义者只有确认能把事情干漂亮才下手，很多时候是愚蠢的。只有极少数人可以做到事事追求，并最终获得极大化收益，如同中了彩票头奖。

试图认识飞行原理是愚昧的。

另一个维度的含义是：模糊的精确，好过精确的模糊。

不存在所谓完美而适宜的境地，如在宁静的花园阅读，在波光粼粼的湖畔发呆，在完全放松的时光里去做理想的事情，在彻底黑暗的某刻为所欲为。人总是在勉强乃至不适宜的状况下去完成适宜的事情，无论善良或罪恶，伟大或渺小，知足或贪婪。

由此，人世最大的浪费，是去等候某个无可挑剔的时刻以完成某事。

对策17　远离美妙的逻辑

1. 要克服追求"解题"与"妙趣感"的冲动（很不幸，这是聪明人的爱好）；
2. 要理解"规律"与"推理"的脆弱性；
3. 用说"不"来应付"先入为主"。

对策18　远离洁癖，不怕和猪摔跤

你不能畏惧在泥地里和猪摔跤。

因为你就是一头泥地里的猪。

对策19 从内部看世界，跳出个人经验

荣格说：

我的年龄越大，我对我们的理解力之脆弱和不确定性的印象就越深刻，我就越要求助于简洁的直接经验，以便不至于失去和基本事物的联系。这些事物就是支配人类经验达数千年之久的统治力量……我们很有可能是从错误的方面看世界的。通过改变我们的观点……从内部来看世界，我们很可能会发现正确的答案。

芒格的哲学也类似。

从内部看世界，有助于我们将自己的注意力从束缚的体验中转移开来。

不要过于看重自己的个人经验。

不要因为自己拥有某样东西，就赋予它更多价值。

对策20 内部计分卡+机能健全者

恕我再引用下面的老调。

巴菲特说："人们行事的一大问题在于，他们是拥有'内部计分卡'还是'外部计分卡'。如果内部计分卡能令你感到满意，

它将非常有用。我经常这么做。我想说,你想做世间最伟大的情人,却令大家认为你是世间最差劲的情人。或者,你想做世间最差劲的情人,却让人们认为你是世间最伟大的情人。这两者之间,你做何选择?'嗯,这是个有趣的问题。

"还有另外一件有趣的事。如果全世界的人无视你的成果,那么你是想被当作世间最伟大的投资者,但实际却是全世界最糟糕的投资者?还是愿意被认为是全世界最无能,而实际上却是最优秀的投资者?"

极少有人属于"机能健全者"。

美国心理学家罗杰斯认为,在成长中,大多数人得到的积极关注是有条件的积极关注,而很少得到无条件的积极关注。

只能表露"好的"有条件积极关注的逻辑是:你必须做到 A,我才能给你 B。B 可以是物质奖励,也可以是主观赞赏。

在有条件积极关注的影响下,一个人会形成这样的经验:只能表露"好的"(或"可被接受的"),否则就会被拒绝、被伤害。

一个人的成长就是不断学习、修正自己"应该如何部分地表露"的过程,最终就形成了一套外在评价系统。

然而,"表露"经常违背内心,你认为自己"应该这样做",但你的体验和感觉却是另外一回事。

久而久之,一个人会逐渐忽略乃至压抑自己内心的体验与感觉,只去关注别人是怎么看待自己的,自己怎么才能得到别人更大的物质或精神奖励。

罗杰斯认为"机能健全者"有如下五个特征。

1. 对经验的开放性。对于一切情绪和态度，只要它们存在，机能健全者就能够接受。他们相信，任何经验都不可怕，没有必要去歪曲或掩饰。这种态度使得他们的心胸更加广阔，思想更为充实，行动也更趋灵活。
2. 协调的自我。由于机能健全者的自我是开放的，无须对什么东西加以防范，因而使得他们不断地接受新事物，头脑充实敏锐，调整自我，与经验协调一致。
3. 机体估价过程。机能健全者以自己内在的实现倾向作为经验评估的参考系，而不以外在的社会价值判断为参照。因而，通过这种机体估价过程作为反馈，来调节自己的经验，朝向自我实现，以达到维持、增长、完善和发挥生命潜能的目的。
4. 无条件的自我关注。机能健全者不愿受他人意愿的支配或束缚，他们相信个人的命运把握在自己手中，对自己的能力充满信心，因而时时刻刻对自己的经验与行为都给予积极肯定。即使遇到挫折与失误，他们也不会对自己丧失信心，他们永远相信自己，赞赏自己。
5. 与他人和睦相处。机能健全者不仅对自己给予无条件的积极关注，而且对于他人也给予无条件的积极关注，同情他人，赞赏他人，为他人所喜爱。

对策21 做拥抱风险的水手

《财报就像一本故事书》一书介绍了一个故事。

1835年，法国思想家托克维尔在其名著《论美国的民主》一书中提问：为什么当时欧洲和美洲之间的贸易，大部分被美国的商船垄断？答案：美国商船渡海的成本比其他国家商船的成本低。

何以有这种成本优势？美国商船的建造成本不低，但使用时间短；美国商船雇用船员的薪水还高，表面上看真是一无是处，毫无优势。托克维尔却认为：美国商船之所以拥有较低的成本，并非来自有形的优势，而是因为心理与智力上的优势。

书中的结论是：

- 欧洲水手过于追求确定性；
- 美国水手敢于拥抱风险。

欧洲水手做事谨慎，往往等到天气稳定时才愿意出海。在夜间，他们张开半帆以便降低航行速度；进港时，他们反复地测量航向、船只和太阳的相对位置，希望避免触礁。

相较之下，美国水手似乎爱拥抱风险。他们不等海上风暴停止就急着拔锚起航，夜以继日地张开全帆以增加航行速度，一看到显示快靠近岸边的白色浪花，就立刻加速准备抢滩。

这种不畏风险的航海作风，使得美国商船的失事率远高过其他国家的商船（这种风险颇能解释为什么要支付水手较高的薪资），但这种航海作风确实能缩短漂洋过海的时间，并大幅降低成本。

以 19 世纪初在波士顿进行的茶叶贸易为例，美国商船在将近 22 个月的航行中，除了到达目的地——中国广州采购茶叶，整个航行途中都不再靠岸补给，水手们只以雨水及腌肉果腹。相对地，欧洲商船一般会停靠几个港口，补给淡水与食物。

这种艰苦的航海生活，让美国商人的茶叶比英国商人的茶叶每磅便宜四分之一便士，取得价格优势，进而扩大市场占有率。

至于为什么美国商船建造质量不良，托克维尔在访问一个美国水手后豁然开朗。那位水手理直气壮地说："航海技术进步得这么快，船只可以用就好，质量不必太好，反正用坏了就换。"

看到美国商船狂热地追求速度及拥抱风险的行为，托克维尔当时就大胆地预测："美国商船的旗帜现在已经使人尊敬，再过几年它就会令人畏惧……而我不得不相信，美国商船有一天会成为全球海权霸主。美国商人注定要主宰海洋，正如古代罗马人注定要统治全世界一样。"

如同托克维尔所预言的，百年之后，美国果真成为全球第一经济强国。

同样，中国过去数十年的奇迹，不正来自上上下下勇于摸索的人吗？

对策22 勇往直前

应该无所顾忌，勇往直前。因为今天的枷锁，明天可能就不是枷锁了。

"不管前途看起来多么渺茫，他对未来都一往无前。"这是沃兹尼亚克最佩服乔布斯之处。

"想象你要去的地方，愿望就快实现了，保持队形，跟着我冲！如果发现自己落单了，迎着阳光独自驰骋在草原上，不用担心，那是因为你在天堂，而且你已经阵亡了！兄弟们，我们生平的事迹将永垂不朽！勇气和荣誉！"这是《角斗士》里马克西默斯率军冲锋前的动员。

对策23 枷锁即花瓣

孩子之所以能从堆沙子中找到无穷的乐趣，是因为他们不介意做徒劳无益的事情。

电影《贝拉的魔法》里，摩根·弗里曼对小女孩说：不要停止寻找不存在的东西。

毛姆说:"在我看来,一个人仿佛是一个包得紧紧的蓓蕾。一个人所读的书或所做的事,在大多数情况下,对他毫无作用。然而,有些事情对一个人来说确实具有一种特殊意义,这些具有特殊意义的事情使得蓓蕾绽开一片花瓣,花瓣一片片接连开放,最后便开成一朵鲜花。"

逆向过来,想起钱锺书的《百合心》。

在《谈艺录》出版后,钱锺书抽空又写长篇小说,取名为《百合心》,核心人物是一个女人,大约已写了两万字,后来草稿丢了。书名脱胎于法文成语(le coeur d'artichaut),意思是说人心就像一朵百合,总是层层剥落,最后化为虚无。

人生的枷锁,也如花瓣,慢慢展开,慢慢凋谢,一片片散落。

回忆过去,那些枷锁或如秋叶般灿烂。曾有的局促、失落、愤怒、罪罚,在时光的倒带中,分不清是枷锁还是花瓣。

在《肖申克的救赎》的片尾,两人在海边重逢。在地球上某个遥远的角落,天空与海水一样湛蓝清澈,男人依然健壮,穿着白色的短袖,为船涂上彩色的油漆。就像《福布斯》杂志为《像摇滚明星一样退休》之类的专题配的封面。

作为一个在30岁设定35岁退休计划,貌似实施并遭遇或新或旧枷锁的人,我的经验教训是:

别试图拥有逃离战争的诗意;

就像不要去打无诗意的战争；

你无法挣脱枷锁，也不要习惯枷锁；

每个人的一生，注定要戴着枷锁起舞。

毛姆写道："他将在望得见大海的地方租一幢小房子，眺望着打眼前驶过的一艘艘大轮船，目送它们驶向那些他永远到不了的地方。"

我想改成："他在海边散步，看那些船，去他能去却不愿去的地方。"

好运是"承受生命之重"的起舞

好运没有完美时刻。

我们总是在想:"要是一切归零,从头开始,那该多好!"我们对好运的期待也是如此,万事俱备,只差好运。可现实总是湿漉漉、杂乱不堪的,并不存在一个完美的环境和完美的时刻,来迎接一个完美的好运。

塞内加说:"只要你想着还可能更幸福,你就永远不会幸福。"这句话也可以用在我们对待好运的态度上,假如你想捕捉好运,就从现在开始,从每个小小的幸运开始,因为最大的幸运(此刻生存在这个宇宙)已经在我们手中了。

绑缚和自由,枷锁和起舞,好运和困境,轻盈与沉重,生命为何总要在这种自相矛盾的剪刀中呈现出形状呢?

如果非此不可,我们该如何拥抱好运,过一种即使负重也能起舞的人生?以下是 6 个建议。

1. 轻与重。昆德拉将生活的意义和责任描绘为一种"重",

人们有时倾向于逃避这种重量，寻求"轻"的生活，如无责任、无束缚。然而，昆德拉认为，过于"轻"的生活会使生命失去其深度和意义，这是"生命不能承受之轻"。就像假如没有了重力，我们就无法在地球的表面生存。

2. 有限与无限。昆德拉在《不能承受的生命之轻》里提及了尼采的"永恒轮回"：如果我们生命的每一秒钟都有无数次的重复，我们就会像耶稣被钉于十字架，被钉死在永恒上。这个前景是可怕的。在那永劫回归的世界里，无法承受的责任重荷，压着我们的每一个行动，这可能就是尼采认为永劫回归是最沉重的负担的原因。尼采的思想实验告诉我们，对比生命可以无限次数重来，时间的有限所构建的生命枷锁，反而赋予生命某种轻盈。

3. 偶然与必然。昆德拉有句话很有趣："在我们看来，只有偶然的巧合才可以表达一种信息。凡是必然发生的事，凡是期盼得到、每日重复的事，都悄无声息。"

4. 草图和最终作品。现实中让我们感觉不适的沉重，其实来自与预期的不符。可是，什么算是符合预期呢？在昆德拉看来，生活没有排练，每一个决定和行动都是一次性的，无法比较和评估。因为每个人只有一次生命,我们没有其他的人生作为比较,也无法预知如果做出不同选择会有怎样不同的结果。我们只能尽可能地做出自认为最好的决定,然后接受它的后果。

5. 好运和"不仁"。如果我们逃离运气的摆布,如果世间的好事和坏事都可以在概率的支配下毫无理由地发生,人类会不会掉进虚无的深渊?《道德经》说"天地不仁,以万物为刍狗",是指"天地生养万物,无所偏私"。否则一切被安排妥当了,凡事皆按照剧本上演,生命的自由何在,自我意识何在?

6. 幸福和道德。智者如老子,也会感慨宇宙存在的目的是什么。在科学家看来,宇宙的存在没有目的。那么,如此一来,会不会人类的存在也没有任何意义?也许,康德的态度值得我们思考。他认为幸福应该来自道德:"做能够让你配得上幸福的事情。"这看起来似乎是一个书呆子的做法,不管是遇到好运气还是坏运气,关键在于,你都要"发现符合理性的行为正道",担负自己的责任。这种道德观在世俗意义上的价值被芒格发扬光大。这位价值投资者认为,如果你总是以正确的方式行事,如果你让自己做的事情配得上你的好运,你就会得到好运。事实的确如此。

在老子的哲学里，"道德"有着更广阔的定义。他的价值观由"无""道""德"三者构成。老子言"无"："天下万物生于有，有生于无。"

老子认为"道"是宇宙本体，乃万物之根源，故谓："道生一，一生二，二生三，三生万物。"而"德"的本义即"心、行之所陟"，是关于行动者的心境、行为在某一评价空间中到达哪里或站在哪里的判断。老子为不确定性和运气绘制了一片宏大的宇宙背景。

西塞罗在《论老年》一书中说："好运的最佳保护铠甲是一段在它之前被悉心度过的生活，一段被用于追求有益的知识、光荣的功绩和高尚举止的生活。"的确，似乎只有在看似对立的张力之间，生命的琴弦才能奏响。一种正确的好运哲学，能够在这个令人不堪重负的现实世界里，为我们带来平静、长寿和好运。

第 7 幕

希望
永不沉没

随机支配的世界

号称永不沉没的泰坦尼克号,为什么第一次航行就沉没了?

在电影《泰坦尼克号》中,总设计师解释了该船重要的安全保障之一:水密隔舱。如下图所示,泰坦尼克号有 16 个单独的水密隔舱,舱与舱之间的水密门用电动开关控制,即使有 4 个隔舱同时进水,也会安然无恙。

比泰坦尼克号早 1000 年,唐代的泉州已经掌握了"水密隔舱"技术。《马可·波罗游记》描述的中国南方海船的船壳是多层板结构,还有 13 个水密隔舱:"若干最大船舶有内舱十三所,互以厚板隔之,其用在防海险,如船体触礁或触饿鲸而海水渗入

之事。"

采用水密隔舱技术的帆船

既然如此,为什么泰坦尼克号会一撞即沉呢?

与上述水密隔舱技术相关的主要原因是:泰坦尼克号的水密隔舱并不是封顶的。

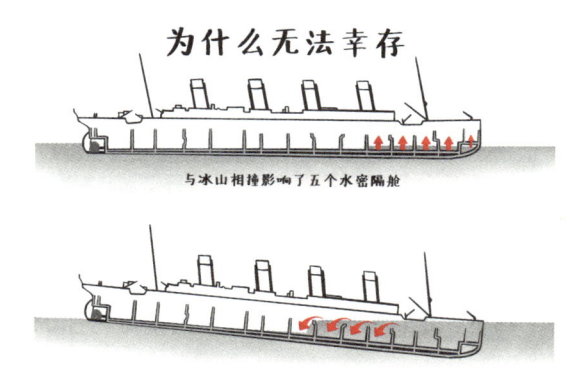

为什么无法幸存

与冰山相撞影响了五个水密隔舱

如上图所示,当海水漫进第一个隔仓之后,假如导致船体出现较大倾斜，水会蔓延到下一个隔舱，如多米诺骨牌般引起连锁反应，直至更大倾斜，解体，沉没。这个设计缺陷恰是对水密隔舱技术的数学原理的破坏。水密隔舱技术是利用了概率上的独立性。

关于"随机事件的独立性"，一般解释是：

直观地，如果两个随机事件 A 和 B 是否发生互相不影响，就认为它们是独立的，这时它们同时发生的概率等于它们各自发生的概率的乘积，即

$$P(A \cap B) = P(A)P(B)$$

举例来说：你将一枚标准硬币扔两次，每次都朝上的概率是多少？假如第一次扔硬币是随机事件 A，第二次扔硬币是随机事件 B，因为两次的结果互不影响，可以认为是独立的，所以两次都朝上的概率是：$1/2 \times 1/2 = 1/4$。

回到泰坦尼克号，我们将模型简化一下：

1. 这是一艘很大的船，假设一次意外事件只破坏一个独立的隔舱；
2. 假设发生意外事件的概率是 5%。

那么连续发生四次"独立的、导致破坏一个隔舱的意外事件"的概率是多少呢？计算如下：

$5\% \times 5\% \times 5\% \times 5\% = 0.000625\%$，也就是约为百万分之六的概率。

简单来说，这个概率要小于"一个人在一年中被雷劈"的概率。所以，宣传"泰坦尼克号永不沉没"，并非吹牛。

问题在于：

1. 泰坦尼克号的"水密隔舱"技术并没有让每个隔舱漏水成为"独立事件"；
2. 冰山一下子破坏了 5 个隔舱。

一个牢不可破的神话被意外的黑天鹅事件击破了。

随机性"支配"着这个世界。

泰坦尼克号偶然撞上了一座冰山。船员提前用肉眼看见了"两个东西"。因为船上的超远距离望远镜居然被锁住了，所以等船员望见时，船离冰山已经很近了。分不清这是黑天鹅，还是灰犀牛。

值班的大副作为决策者，给出了两个指示：左满舵，全速倒船。这是一个专业并且本能的反应。然而，据说舵手执行错误，向右转了。这还不是关键。更糟的是，大副试图避开冰山的判断根本就是错的。

假如只是减速，让最坚固的船头撞上冰山，水密隔舱的设计可能会发挥作用，泰坦尼克号也许不会沉没。选择转向，将脆弱的船腰暴露给冰山，船身被划开一个93米长的大口子，一连损坏了5个水密隔舱。本来是概率极低的5个独立事件，突然变得不独立了。

概率不再保护这艘原本只有百万分之六可能性沉没的巨轮，2小时40分钟后，泰坦尼克号百分之百地没入冰海。

利用"随机事件的独立性"来实现概率上的"保护系统"，是非常高明的做法。例如，狡兔三窟。假如一个兔子洞的安全程度是80%，兔子想要更安全，有两种做法：

1. 努力将兔子洞的安全程度提高至95%；
2. 有三个安全程度都是80%的兔子洞。

第一种做法，可能后面为了提升几个百分点，成本会非常高，而且容易有瓶颈；第二种做法，三个兔子洞都被捣毁的概率是（$0.2 \times 0.2 \times 0.2 = 0.008$），所以兔子的安全程度达到了99.2%（$100\% - 0.8\%$）。

传统载人飞船搭载的星载计算机和控制器，为了实现高性能和高可靠性，要使用昂贵的宇航级器件，整套成本高达约1.4

亿元。而SpaceX的"龙"飞船主控系统的芯片组，却只花费了2.6万元。

具体方法是：使用英特尔的X86双核处理器，将双核拆成两个单核，分别计算同样的数据。每个系统配置3块芯片做冗余，即以6个单核做运算。

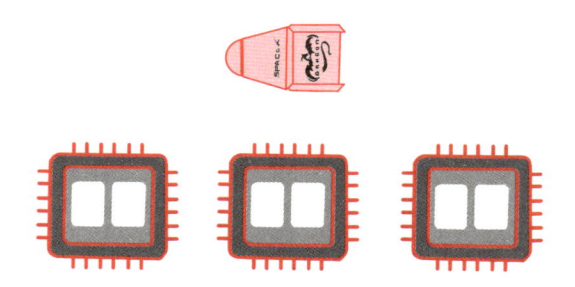

对比机械时代的水密隔舱，多个相对独立的芯片不仅构成冗余，又通过数据同步和系统纠错整合在一起。

其工作原理是：如果其中有1个核的数据和其他5个核不同，那么主控系统会让这个核重启，并把其他5个核的数据复制给这个核，令数据同步。

不是不让意外发生，也不是只增加冗余，还能通过适应性纠错，实现系统的主动安全。

不仅计算机系统可以如此，连火箭的发动机系统也不例外。猎鹰系列火箭梅林发动机应用"简单即可靠"的新理念，将结构设计得非常简单，以消除复杂结构带来的不稳定隐患。猎鹰9号将9个梅林发动机并联在一起，实现了"简单、可靠、低成本"。

光简单还不行，梅林发动机具备推力补偿技术，能在大范围内调整推力。

2012年10月，猎鹰火箭发射"龙"飞船向国际空间站运送物资时，第一级的一台发动机出现故障停机，其他8台发动机立即自动补偿了推力损失，最终成功将"龙"飞船送入预定轨道。

对比起单独追求单一系统或者硬件的牢靠性，通过多系统和多硬件来构成冗余，不仅成本低，出错概率小，还能够主动纠错，有更强的健壮性和适应力。"不确定性"犹如流水，很难用硬堵的方式去消除。

《谁在掷骰子》一书写道："泰坦尼克号"沉没后，船只被要求配备更多的救生艇。然而，救生艇的自重导致了"伊斯特兰号"邮轮在密歇根湖倾覆，一共有800多人遇难。作者总结道："意外后果定律可以挫败最良好的意愿。"

我们无法用古代加高加厚城墙的方式来堆砌出"确定性"。毕竟，无处不在的墨菲定律"决定"了"会出错的，终将出错"。

独立事件和独立思考

让我们回到"随机事件的独立性"。一个标准硬币随机扔了 20 次都是正面朝上,下一次再扔正面朝上的概率还是 50%。因为每次扔硬币(假如没作弊)都是独立事件,与之前独立事件的结果无关。

我曾经在赌场观察过押大小赌桌旁的人,发现大致分为两种。

1. 新赌徒喜欢跟着趋势下注,例如某个桌面连续出了很多个大,那么他们会继续押大。他们在现实生活中可能也会相信手气、势头、运势、K 线图等。
2. 老赌徒喜欢在连续出了很多个大之后,去押小。他们相信"回归"和"反转"。

上述老赌徒的做法,被称为赌徒谬误。

该错误信念,以为随机序列中一个事件发生的机会率与之前发生的事件有关,即其发生的机会率会随着之前没有发生该事件而上升。

然而，对赌徒谬误的描述，大多数情况下冤枉了老赌徒们。事实上他们理解独立事件，也没有觉得每一次扔色子之间有直接相关的联系。老赌徒相信的是大数定律：扔硬币正面朝上的概率是 50%，现在已经连续 10 次朝上了，根据大数定律，难道不该"回归"到更有机会出现朝下吗？

事实上，大数定律并没有一双无形的手，将没有遵循其"正确结果"的概率拉回到"正确"的数值上。没错，依照大数定律，一枚标准硬币一直随机扔很多次，概率会"回到"50%。但这并非是因为有什么内在的力量在起作用，而是大量重复的随机性用更多的 50% 稀释了那"连续 10 次"朝上的不均匀结果。

我偏向于用"小数法则"（该法则其实是谬误）来替代"赌徒谬误"的说法。因为老赌徒的思维偏差，是误认为大数法则也适用于小样本。他们忽视了样本大小的影响，觉得小样本和大样本具有同样的期望值。例如有个家伙在玩《狼人杀》的时候，"聪明"地认为一个人只有很小的概率连续三次是杀手，他在试图运用大数定律。

但是，小样本无法"唤醒"大数定律。"重复很多次"，是个很有趣的概念：

- 人们通过重复让小概率的事情发生（有点儿像蛮力版的

"遍历性");
- 通过重复优化概率(如精益创业这类贝叶斯更新的实践);
- 通过重复让大数定律"显灵"。

无论是看得见的东西,还是看不见的概率,人类在思考问题时都不可避免地会陷入因果论和目的论。例如,尽管学了很多年牛顿力学,我们的直觉还是会觉得亚里士多德的古老观点是对的:力是维持物体运动状态的原因。

同样,我们觉得随机性会像上帝之手般主动调节出现偏差的概率。认为这个世界"有目的",觉得万事万物之间是被因果关系联系起来的,这是人类根深蒂固的错觉。

所以,我喜欢休谟、斯密、达尔文和玻尔兹曼:休谟斩断了我们由来已久的对因果的幻觉和迷恋;斯密和达尔文则将随机性与人类社会以及生命之谜关联起来;玻尔兹曼则用概率来解释物理学。

按照他们的哲学,一件事情发生了,是因为这件事情的发生概率比较大。这看起来像是个无厘头的循环论证,但事实就是如此。玻尔兹曼指出,一切自发过程,总是从概率小的状态向概率大的状态变化,从有序向无序变化。

那么,我们又该如何理解"均值回归"呢?从这个角度看,老赌徒们似乎又是对的：风水轮流转，连续的好天气后会下雨，一个人的运气会用尽，而触底之后会反弹，如塞翁失马般福祸轮转……

"均值回归"起初是金融学的一个重要概念。均值回归是指股票价格、房地产价格等社会现象、自然现象（气温、降水），无论高于或低于价值中枢（或均值），都会以很高的概率向价值中枢回归的趋势。

赌徒谬误（小数法则）和均值回归的差别到底在哪里呢？关键点还在于样本量（以及时间的长短），以及对"均值在哪儿"的定义。一个被高估的市场会回落，一个被低估的市场会反弹，然而，如凯恩斯所言："市场保持非理性状态的时间可能比你保持不破产的时间更长。"

凯恩斯曾经利用保证金交易外汇，大赚，然后大亏，最后几乎一无所获。这可是20世纪最聪明的人之一，他当时对世界的预测准确得惊人，作为经济学家他也经常能"正确"判断货币走势。然而，均值回归需要足够长的时间，就像大数定律需要足够多的随机事件的重复，并且均值回归还有"不均匀"和"不对称"的特点。

许多人和事件无法实现足够多次重复，以及足够长的时间，从而导致无法享有"大数定律"与"均值回归"。这就是所谓的没有"遍历性"。

某种意义上，长期主义的战略价值是：（1）实现自己的遍历性；（2）等对手因为丧失遍历性而被洗掉。即使是在一个有期望值优势的游戏里，人们也可能赚不到钱。

凯利公式在本质上是通过控制下注比例来实现遍历性，并令回报最大。与之相反的行为，则是加杠杆。后来，凯恩斯的投资转向于套利，以及重视价值的股票投资，回报大大好转。

看来，聪明人该犯的某些错误，很难因为非常聪明而不必犯。

与概率相关的基本计算惊人简单，但很容易让聪明人也犯晕。例如，概率的乘法定理：两个事件同时发生的概率，就是"第一个事件发生的概率"与"第一个事件发生时第二个事件发生的概率"的乘积。

为什么要说得这么"绕"呢？

假如这两个事件是独立事件，二者发生互不影响，"第一个事件发生时第二个事件发生的概率"，即给定第一个事件发生的条件下，第二个事件的条件概率，就是第二个事件独立发生的概率本身。

例如，扔两个色子，得到两个"6"的概率是 $1/6 \times 1/6 = 1/36$。如此计算的前提是扔两个色子是两个独立事件。

再看一道题，来自《牛津通识课：概率》：假设在一所大学的研究生院中一半的学生是女生，并且 1/5 的学生学习工程学。

随机选择一个学生，请问，这个人是女生且学习工程学的概率是多大？

既然这个学生是女生的概率是 1/2，这个学生学习工程学的概率是 1/5，那么概率不就是（1/2 × 1/5=1/10）吗？

然而，这是错的。因为"是女生"和"学习工程学"并不是两个独立事件。这个时候，我们再回到乘法定理的定义，就知道正确的计算应该是：

"这个学生是女生的概率"与"女生学习工程学的概率"的乘积。

因为传统上，"女生学习工程学的概率"要小于"所有学生学习工程学的概率"，所以该学生是女生且学习工程学的概率要远小于 1/10。这只是个简单的中学数学题吗？这仅仅是语言游戏吗？

绝非如此。

我曾经看过一本难得的由院士写的科普图书《机会的数学》，居然有评论者说该书只适合初中以下的读者看。而那本《牛津通识课：概率》的评分更是惨不忍睹。事实上，以该作者的深度和广度，以及跨越学科的洞见，还愿意并写出一本深入浅出的科普书，这类人我在国内几乎就没见过。

概率盲和科学盲一样可怕（当然，概率是科学的一部分）。

我们不懂科学照旧可以刷手机炒房发财，然而不懂概率却可能让日子过得很糟糕。现实中，许多重要的决策，唯一需要做的计算，就是这类概率乘法和加法。然而，能够计算明白的人非常罕见。

在两个因素并不独立的时候假设它们是独立的，是评估概率过程中最常犯的错误。举个现实的例子：有个朋友喜欢买房子投资。他信奉分散投资的道理，所以分别买了住宅和商铺，而且分散于所在城市的老区与新区。然而，随着市场调整，他所在的三线城市房价全面回调，这时他才发现自己的所谓分散风险，就像泰坦尼克号那些没有封顶的水密隔舱。

又比如，一位地产大佬早早看出行业势头下行，于是大力发展旅游地产，以分散住宅地产的风险。然而这种"分散"因为旅游地产与住宅地产并不够相互独立而没能实现。

常识总是最重要的，可常识也需要加上概率的拐杖。

关于风险的常识更是如此。

几乎对所有的投资高手而言，他们的生存哲学是：避免可能导致致命后果的意外。

24岁时马丁曾是一艘驱逐舰上的中尉，当时他有一个习惯：每当他的军舰要转弯时，他都会走到舰桥上，用肉眼确认航道是畅通的。

我将类似于"军舰转弯"的情景称为"决策点"。许多时候，决策质量不够高，是因为决策覆盖率不够，有些决策点被忽略了。

这恰恰是区分决策者的专业程度的关键。对于一名职业棋手而言，每一手棋都很重要，走出随手棋，看似无伤大雅，但经常是致命的。对于巴菲特这类决策机器来说，所有关于钱的决策都需要全神贯注。所以早年他会因为老婆装修房子心痛不已，舍不得给女儿买电视，打投币电话都要去换零钱。

这绝不只是因为吝啬，而是一种决策者的职业病，就像职业杀手晚上睡觉时的警觉。决策的本质，是在不确定的情境下，为追求某种价值的实现，面向未来分配资源。即使决策的过程是正确的，决策的结果也可能很糟糕。

设计你的决策系统

我们所面临的不确定性,大约是由以下三个要素构成的。

1. 现实世界的不确定性。虽然我们不确定造物主是否在扔色子,但目前看,人类只能用概率去逼近真相。
2. 人类认知体系的不确定性。理性的脆弱,感性的任性,是人类认知大厦的沙滩般的基础。
3. 人类作为决策主体的不确定性。

以上这些还要加上数字化世界的种种混乱和失控。

斯多葛哲学在现代决策者人群中备受推崇,是因为其回答了在一个不确定的世界里"决策前、决策中、决策后"应该怎么办的难题。

然而,在我看来,许多对斯多葛哲学的理解是"错"的。斯多葛哲学的前提是承认世界的不确定性,承认个体的有限性,然后用一种控制二分法,实现"现实的适应性"和"诗意的满足感"。

所谓"控制二分法",是指要区分你所能控制的东西和你所不能控制的东西。你必须认知到外界的大多数事情是自己不能控制的,那么就应该接受——不过分难过,也不必恐惧。只从情绪控制和接纳自我等心理学的范畴看,依靠斯多葛哲学来实现这一点似乎说得过去。

可是,从决策的角度看,该如何区分哪些是能控制的,哪些是不能控制的呢?这就有点儿像是说:你押硬币的正面会赚钱,押硬币的反面会亏钱。所以在硬币正面朝上的可能性较大时,你要大胆下大注。

然而,我怎么知道硬币什么时候正面朝上的可能性较大呢?

几乎所有的智慧都不会配一份现实操作指南。多少人信奉巴菲特的"别人贪婪时我恐惧,别人恐惧时我贪婪",结果,或是错过一牛再牛的大牛市,或是抄底抄在天花板。

我曾经构建过一个决策模型:每个决策构成一个闭环;许多个决策构成了决策链条、决策网络,进而构成了一个体系。

首先,每个决策构成一个闭环,该决策闭环的关键是"灰度认知+黑白决策"(用我提出的这个概念命名的别人的书都有两本了,我居然还没写过一篇该主题的文章)。

关于灰度认知。从概率角度看,当你面对一个60%胜率的(假设是一赔一的赔率)游戏时,你可以大胆选择去玩儿。60%介于0~100%,是一个灰度数值。进而,连这个"60%胜率"的认知，在现实世界里也只是一种推测、一种信念。这是灰度认知的第二层含义。

关于黑白决策。当你玩儿上面那个60%胜率的游戏时，尽管这是个正确的决策，也有概率上的优势，但是你仍然有40%的可能性落在失败的空间里。

尽管如此，你也必须黑白分明地去完成这个决策，而不必也不能有任何犹豫和恐惧。

这就是为什么在战场上战士必须无条件服从命令，以及基金经理和企业CEO非得有一刀砍向乱麻的决断力。否则，会害死更多人。

即使是在一个决策的闭环里，一个人也会分裂成两个角色：一个负责"知"，一个负责"行"。斯多葛的"控制二分法"，在这里该如何运用呢？能控制的，到底是灰度认知，还是黑白决策？

A：灰度认知是我们能控制的东西，而黑白决策的结果则是我们不能控制的；

B：灰度认知只能是一种猜测，"真"的数值无法控制，而黑白决策必须坚定执行，所以是能控制的。

A和B似乎都对，并且也非二元对立。这时，维特根斯坦的洞见浮现了：哲学家使用语言犹如一种游戏，他们已经不能表达实在的事物，只能靠词语之间的关联产生意义。

也许，这正是哲学很有用，又很没用的地方。下面再看我的决策模型的第二部分。

人的一生是由很多个决策穿起来的。也许，最终决定命运的，只是其中最重要的几个。然而，这几个最重要的决策，也是悬挂在由那些或大或小的许多个决策编织成的网络之上的。就像蜘蛛不能仅编织能捕获猎物的那一小块儿网。

- 许多个决策通过基于大局观的重复，借助时间的魔力，实现了连续性和稳定性，进而实现了复利；
- 又或者，许多个决策就像在某个赌场里不断地扔色子而已。

那么，按照斯多葛哲学，单个决策闭环和整个决策体系，哪个是可以控制的？哪个又是不能控制的？

对于这个可以无穷尽讨论下去的话题，我想做个小结：对于单个决策闭环而言，我们可以控制决策过程和质量，不必（也很难）控制决策结果；对于整个决策体系而言，如果从人生的尺度看，我们可以控制旅途的意义，不必控制最终会到达何处。

这是我所理解的斯多葛哲学。

活下来,并活得久

综上所述,我们大致探讨了如下几个有趣的话题:

- 泰坦尼克号的16个独立的水密隔舱;
- SpaceX "龙" 飞船主控系统芯片组的6个独立但又能数据同步的内核;
- 概率中非常容易被弄混的 "独立事件" 概念;
- "决策点" 的独立性和连续性。

以上看似多元的话题的焦点,是我们当下时代最大的挑战之一:这个世界如此充满 "不确定性",我们每个人必须全力以赴,避免遭受永久性的损失,永远不要像泰坦尼克那样沉没。

要做到这一点,我们要构建一个强健的系统,设计自己的 "水密隔舱",承受可能遭遇的各种风险,并能通过主动适应提高生存的概率。

未来无法预测,我们既不能躺平,也不能无限制地安装更多的救生艇,而是要千方百计在逆境中活下来。活下来,活得久,就有机会实现"均值回归",有机会让"大数定律"显形。

独立性给我们的另外一个重要启发是:你当下做的每一件事情都是独立的。聚精会神打好当下的这个球,然后忘掉这个球。

几乎所有关于成功的故事,尤其是靠头脑和投资变得更富有的传奇,都与独立思考有关。你想要平均的收益,随大溜是最好的做法之一。如果你想要有超额的收益,你需要与众不同、特立独行,敢于和大多数人背道而驰,并且利用大多数人的非理性和羊群效应获利。

这一切的前提是你的独立思考。然而,何谓独立思考?

我们不仅要独立于外部环境去思考,在某种意义上,还要独立于自己来思考。人的自我的连续性一直是个奇怪的谜团。事件自动地、单向地、均匀地向前流动,也是一个谜团。如此一来,人就很容易踩着西瓜皮向前。

设立决策点,能够让每个当下的我意识到:过去的你是你的资产,也是你的沉没成本,现在的你必须与往事干杯,独立思考。

也许过去这几十年太美好了,以至于我们忽略了其神奇性。然而,即使是最好的游戏,哪怕胜率很高,赔率很好,也是有胜有负的。

因为害怕失败,害怕不确定性,而放弃自己的游戏权,其实就是放弃自己的概率权。哪怕是糟糕的事情已经发生,也要挺住、稳住,为打好下一球做准备,别轻易出局。进化只能在代际完成,财富往往要跨越周期才能实现，好运气也要靠遍历性之网来捕获。

无论如何，仍然要有希望，至少要对孩子充满希望。如此一来，你也依然有希望。我们早已不是丛林时代的狩猎者或者被狩猎的对象。生活是一场游戏，暂时输一把也不会被老虎吃掉。主管我们恐惧感的那一部分大脑，是在漫长的远古时期形成的，我们的担忧被过度放大了。这种情绪又被数字化时代的传播放大了10倍。

我们需要在一切悬而未决时保持平静，需要接受世间万物只是短暂"确定"的现实，这种短暂已足以哺育我们。我们该感慨的是自己何以如此幸运地存在于这个只有极小概率能够诞生生命的星球之上。

海明威这样写那位"可以被毁灭却不能被打败"的老人："除了那双眼睛，他浑身上下都很苍老。那双眼睛乐观而且永不言败，如大海一般蓝。"

世事无常，可只要我们心底的船不放弃，人生就永远不会沉没。当我们遇见风险时，只有面对，努力活下去，想办法重启，然后继续前行。

此刻，我刚刚离开家，经历了漫长的跨洋飞行和烦琐的出入境流程，在深圳的酒店隔离。窗外是东部华侨城的游乐园，大喇叭响个不停，游客稀少，整整一周雨下个不停。

这次回国出差，临走前要比往常做更多一些心理建设。孩子们照例有些失落，院子里的玫瑰和绣球花都还没来得及剪枝，山楂、葡萄和冬枣都等待采摘，朋友们则感慨我此时出行。

和每个身处当下这个不确定世界的人一样，我也会对现实有所困惑。当自己为未来春藤（一家教育科技公司）而奔波时，难的不是一系列悬而未决的挑战，而是与家人的分离，以及不被他人理解的孤独。不管我多么积极向上，也会在深夜里问自己："这是为什么呢？"

在第六次隔离的酒店房间里，我看到金克木在《百年投影》中的一段话："儿童的人间：做梦，作诗。少壮的人间：苦斗，沉思。做梦的是诗人。苦斗的是凡人。沉思的是智者。人人都可以有这三种境界，做这样三种人。"

我突然意识到，其实我可以同时是"诗人、凡人和智者"。

- 在我的花园里，我就像一个过家家的孩子，岁月如童话般挂在郁郁葱葱的果树上。那时，也许我真的是一个做梦的诗人。
- 和每位为谋生、为梦想而苦斗的人一样，我是个凡人，需要想办法为公司赚钱，操心生存的压力和未来的发展。
- 我还如此幸运地拥有"孤独大脑"，可以自由地写，还有你来看。也许我算不上智者，但却有智者沉思的乐趣。

这三个角色，像是一艘船的三个独立的水密隔舱。如此一想，那种因为担心"凡人的失败"而伤害自己"做梦的花园"的忧虑，突然一下子消失了。

这三个"独立事件"，并非是狡兔三窟式的躲避或人格分裂，而是构成了我更丰富的、拥有冗余的生命系统。

1. 概率的乘法原理，以乘法的复利效应为我构建了一个安全度极高的巢。
2. 我不会因为自己的"智者包袱"，而害怕去干"凡人"的蠢事。未来春藤这类事，需要肯干蠢事的聪明人才能实现。我不必为了"智者"的人设而逃避正确而艰难的事情，龟缩才是人生最大的风险。
3. 当我的某个系统感受到绝望时，另外两个系统会拥抱过来，用各自的希望来做数据同步，重启那台暂时熄火的发动机。

克尔恺郭尔曾经说过：不懂得绝望的人不会有希望。而希望，才是永不沉没的秘密。

留在牌桌上，好运自然来

法则七

如何获得好运？

只要远离厄运，或者不要被那些不可避免的坏运气击倒，你早晚会遇到好运气。然而，如果你被迫离开了牌桌，即使好牌来了，你也不在场。

当然，牌桌只是一个比喻。切记：

1. 永远不要去赌博，永远不要去参与那些期望值为负的游戏；
2. 即使期望值为正，胜率看起来也很高，也不要加杠杆；
3. 永远不要相信有人可以向你传授财富秘诀，尤其是那种用钱下注的，不管是彩票、赌博，还是股票。

迈克尔·刘易斯在《金融往事》里写道："回顾过去，所有事情都是显而易见的。但如果所有事情都是显而易见的，写金融界荒唐故事的作家早就发财了。"

如何留在牌桌上？以下是 6 个原则。

1. 提前设计好"逃生路线"。罗伯特·彭斯在《致老鼠》一诗中写道："不管是人还是老鼠，即便是最如意的规划，结局也往往会出其不意。"所以，不管某个时刻多么高光、多么牢靠，你都要设想一下，假如意外发生，遇见最坏的情况，该怎么做？以小事为例，入住酒店要认真观看火灾发生时的逃生路线图；以大事为例，听说有人在小镇上买房，以备自己在一线城市生活和工作出现意外时，还有一个"救生屋"。

2. 只有在好运的概率够大时才出手。价值投资者李国飞说，世界上最好的公司没多少，所以他只在有 95% 把握的时候才出手。这就是巴菲特所言"几乎对所有的机会说'不'"。这个世界上的绝大多数机会，都是假机会，这是不可忽视的基础概率。群众也都学会了：好事儿怎么会轮到我呢？路边的李子甜不了。

3. 抓住属于你的"馅饼"。当然，如果怀疑一切，当真正的机会来临时也会被拒之门外。如何找到真正属于你的"馅饼"呢？先问自己，天上为什么掉馅饼？再问，馅饼为什么砸在我的头上？之后，再认真研究、思考，并做出谨慎的决策。

4. 再大的机会，也不要 All in（全部押进）。当真正的大机会来临时，需要用大盆去接，但是，别 All in。这个世界上几乎没有必然发生的事情，即使成功率高达 95%，那 5% 不好的结果发生了你该怎么办呢？凡是涉及要投入资金的，记得使用凯利公式，按比例投入或分期投入，并不断更新对成功概率的判断。

5. 永远要有 B 计划。什么是赌徒？赌徒就是没有 B 计划的人。孤注一掷者眼里只有自己最想要的 A 计划，除此之外，不管不顾。然而，上帝是扔色子的，这个世界是被随机性支配的，什么意外都可能发生。如果你有 B 计划，甚至有 C 计划，从概率计算的结果看，你成功逃离的可能性会大幅提升。

6. 打造一座"好运"花园。花园可以是物理意义的，也可以是心灵意义的，总之，你要撒下种子，种下希望，并为自己的好运祈福。贝鲁埃特在《花园里的哲学》一书中写道："花园既表达了人类对曾实现过的事物的怀念，也表达了对尚未实现之物的渴望。"他说："任何让我们感到摆脱了苦难和焦虑的空间，都可以通过一种感觉上的炼金术转变成花园。"在我看来，假如一个人拥有自己的花园，好运总会在某个未知的春季破土而出。

尾声

结　局

接受现实
扭曲现实

20世纪70年代末,邓公访问新加坡,与李光耀会面。李对此极为难忘,多年后他在书中写道:

邓是我所见过的领导人当中给我印象最深刻的一位。尽管他个子不高,却是人中之杰。虽已年届74岁,但在面对不愉快的现实时,他随时准备改变自己的想法。

马斯克收购推特,令人们开始怀疑他的动机,甚至担心他也是个追逐名利的俗人。《史蒂夫·乔布斯传》的作者艾萨克森却不这么看。

他特别留意到,推特发公告前,马斯克在特斯拉的奥斯汀超级工厂与印度尼西亚投资部长讨论电池供应链和矿山的事情。而在赢得推特之战后,马斯克照常主持了晚上10点的例会,讨论猛禽火箭发动机的设计，研究气门泄漏解决方案。没人在会议上提老板刚花 400 多亿美元买到手的推特。

接受现实，扭曲现实，像是超级牛人们的武林绝学。

现实扭曲场的鼻祖乔布斯，并非靠不接受现实来扭曲现实。他会骂别人是狗屎，可一旦别人证明自己是对的，乔布斯就丝毫不介意亲口吃下"狗屎"。表面上看起来令人不愉快，其实是不介意是否愉快，而只在乎真实，是否正确。面子才是狗屎。

曾经因为被乔布斯忽视而难过的马斯克，是现实扭曲场的继承者。他知道，非物理世界的有些事情是可以"扭曲"的。

首先，他选择的是小概率成功的事业，甚至当初计算起来期望值为负，即使时间拉长来看，也是人类非做不可的事。可很多如此选择的理想主义者都挂掉了。马斯克活下来且活得很好的原因，除了工程能力强、会用人等，还有一个与"小概率"有关，他充分运用了人们对小概率事件的好奇、同情以及额外奖励。

其次，一般商人喜欢忽悠弱的人，所以骗子的骗术都很低劣，他们以此筛选用户，而马斯克非常擅长忽悠高智商的人。例如他的前女友分手后对他的"声讨"，简直是变相赞美他。他对自己传记的作者，也进行了智商和忠诚的双重考验。

对我们普通人而言，知错就改，是接受现实后最应该做的事情。如果你认为你正在做的事情是错的，就应该尽快停止。可是大多数人做错事后会加速行动，错上加错，就像一个人掉进坑里后更加卖力地挖坑。

知止难,止损更难,主要原因有两个:第一,这事儿对我太重要了,我不能输——这是混淆了愿望和现实;第二,我花了太多心血和本钱,不能丢——这是不懂沉没成本,被过去绑架。

"知错就改"这个词,其实也不够精确。比如 AI 下棋,并非"改错",而是永远以终局为评估标准,追求当下最好的一手。何谓对错?只能基于比较。能够评估哪一步棋好,靠的是智商和远见;能够坚定地走更好的那一手棋,靠的是理性和意志。

让我从宇宙层面开始,说说人类在连续性上由来已久的幻觉。

世界是由无数个极小概率堆积而成的,那些我们习以为常的事物,以及所谓大概率事件,才是这个宇宙里的意外。科学并非对真理的发现,而是适用于某个边界的发明。幸运的是,已有的科学竟然能让人类走这么远。

人类对自身神奇的感慨,只是某个偶然产物基于自身特性的自我感动,并陷于自我指涉的自圆其说而已。

人体的主要成分氢产生于 137 亿年前的宇宙大爆炸。碳和氧则是 70 亿到 120 亿年前在恒星体内产生的。

我们产生于星尘,最终也归于星尘。

人类靠自身努力实现的连贯性,不过数千年历史。更确切说,那条保持平缓许多年的人类生存曲线,直到 1776 年才开始陡峭起来。

那一年，发生了三个"偶然"事件，斯密出版了《国富论》，杰斐逊等人起草了《独立宣言》，瓦特改进了蒸汽机。理性驱动下的科技与市场，让人类沉浸在地球表面这数百年突飞猛进的"局部现实"。

连贯性的背后，是我们对因果的幻想，对付出必有回报的贪婪，对时间延绵不绝的依赖，以及对宏大的漠视、对未来的短视。

你我可能忽略了一个事实，我们这一代人正在经历人类历史上罕见的、已长达40年的经济高速增长。我们对超级运气习以为常，就像人类对地球习以为常。

海底捞在疫情之初逆势扩张，张勇"差点儿"可以赢，他当年正是这样从非典中挺过来并崛起的；某地产巨头持续下大注，也许是因为肌肉记忆里还留有十多年前的"四万亿"刺激。

"这一次也一样的事情"往往成为"人不能两次踏进同一条河流"的新证据；"这一次不一样的事情"则成为"太阳底下无新事"的新证据。前者是常态，后者是常识。

人们较多地混淆了常态和常识，常态经常会变成"新常态"，而常识若变成"新常识"就不配叫常识。例如，人进了一个比较臭或者比较香的环境，过一会儿就不会觉得臭或者香了。

新环境是新常态，而嗅觉的适应性则是常识。

再说说连续性幻觉的底层原因。我在《人生算法》里描述了下面这个模型：认知闭环的基本单元。

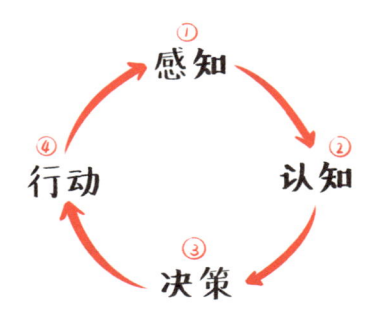

① 感知 → ② 认知 → ③ 决策 → ④ 行动 （循环）

由人行为的原理可知，人的行为的过程主要由人对环境信息的获取、感知、处理和输出组成，即感知、认知、决策和行动的过程。我们思考一个问题，做一件事情，开展一个项目，都需完成如上这个认知闭环。

在感知环节，你需要敏感；在认知环节，你需要理性；在决策环节，你需要果断；在行动环节，你需要野蛮。

难题来了，敏感和野蛮冲突，理性和果断也有点儿纠结。所以，你我平常人，经常是貌似想明白了，却不能下手；看似下手了，又犹犹豫豫。对于马斯克这样的"浑球"呢？这根本不是问题。和巴菲特、贝佐斯一样，他们都出生在"不完整"家庭，在某种意义上，他们的性格都是"分裂"的。

感知的时候，"浑球们"一触即发；

认知的时候，"浑球们"百分之百理性；

决策的时候，"浑球们"绝不纠结；

行动的时候,"浑球们"十分浑球。

在各个频道切换时,"浑球们"绝不像我们那样拖泥带水。他们在自己分裂的性格上自由跳跃。

如上所述,"接受现实、知错就改"之所以那么难,是因为这么做是"反人性"的。

我们条件反射的动物本能,我们脆弱的科学与顽固的非理性,我们根深蒂固的决定和目的论,都令自身陷入踩西瓜皮的惯性困境而不能刹车。

当"意外"发生时,并非连续性消失了,而是我们过去的连续性只是幻觉,大自然野性的那一面始终未被驯化,而人类的无知也是这种野性的一部分。

斯宾诺莎的"万物之神"依然神秘不现,爱因斯坦的大一统理论或许只是孤独老人最后的死磕。

在过去400多年里,人类一直试图驯服偶然性。从概率、统计学、混沌理论到复杂科学、人工智能,聪明的人重新审视连续性背后的非连续性,然后用新理论和新公式来发现非连续性背后的连续性。新工具解决了许多旧问题,也制造了很多新问题。

钟形曲线经常很正确,偶尔错一次就会成为摧毁一切的黑天鹅。均值回归如地心引力般稳定,可是当投资者去抄底跌去一半的价值股,并期待其回归均值时,却发现定律失效了。

失效的也许不是均值回归,而是我们对"均值"的定义如同刻舟求剑。人们对辉煌时刻的强化记忆，可能只是一个小数陷阱。40年虽很长，对人类周期而言却太短，数据量不够大。

《英雄本色》中的小马哥说："我要争一口气，不是想证明我了不起，只是想证明我失去的东西，我一定要夺回来。"可是在时代的巨浪中，一个人的"一口气"不过是一粒沙而已。

每天早上，我们从梦中醒来，然后进入一个更加漫长的白日之梦。

人为什么不能每日重启呢？像新生的孩子，或是如树木般既有一年四季的轮回，又有年轮的叠加。因为我们太依赖连续性了，我们的存在依托于记忆、熟悉、习惯、经验、气味、温度、得失、荣辱……

人类的意识也许就像一团连续的火，我们不能理解"自我的感知"为何如此牢靠，也不得不怀疑自由意志的真实性是否只是一种连续性的幻象。

也许我们大脑中某个无法定义的部位，每时每刻都像在穿羊肉串一样整合我们关于过去的连贯性，把一大堆偶然沿时间序列穿起来，剪辑，调色，配乐，配上片头和字幕。我们忘却了生命在宇宙间的出现犹如一次不可思议的超空间穿梭，我们忘却了美好年代背后的惊心动魄，我们以为运气是天上掉下来的馅饼。

多么强大的电脑或人脑，也无法通过输入过去的数据而得出未来的预测，因为所谓过去只是无数个湮没在时间黑洞里的平行宇宙中的一个而已。

让我们说回"接受现实＋扭曲现实"。

人类的进化历程决定了我们可能过于放大眼前的"危"和"机",而忽视了较远的"危"和"机"。乐观是我们的唯一选择,因为一切终将消失,悲观毫无作用,旅途本身就是生命所有的意义。

马斯克说:宁愿要错误的乐观,也不要正确的悲观。他说的是比较抽象的愿景。概括而言,我们需要"乐观地幻想,悲观地计划,平静地实行"。

"乐观地幻想"是指我们需要某种抽象而宏大的乐观,帮助自己穿越周期性的波动和恐惧。

"悲观地计划"是指要设想到一切可能发生的问题,慎重周密地思考对策。

"平静地实行"是指专注于当下,不管情况多么糟糕,也总能找出相对最好的那一手棋,坚定地走出那一手棋。

因此,无论是我们必须接受的宏观,还是我们可以有所作为的微观,一切或好或坏的大小环境,无非是这个现实世界的已知条件。接受现实,是我们对已知条件的重新梳理。

别懊恼,朝前看。别同情自己的过去,要同情自己的未来。我们没打算投降,我们需要盘点一下自己的弹药。就像《火星救援》里的"呆萌"一样,哪怕独自一人被困在遥远的火星,生还的概率几乎为零,也会把所有的食物一份一份地分好,计算自己还需要种多少土豆。

多烂的一手牌也是牌。也许不存在"把一手好牌打烂",因为一手牌中最大的那张牌是打牌的人。

恐惧无法清零,但人是一种可以带着恐惧前行的动物。马克·吐温说,人的一生被很多苦难困扰,但大多数从未发生。

人们常说,疫情之后我们再也无法回到昨天。可是,即使没有疫情,我们也无法且不必回到昨天。世界将再次回归到某个均值,但这个均值将被重新定义。

我们能做的,只有好好计算自己的口粮,并且不因为模糊不清而放弃对正确和价值的追求。这个世界需要你,因为聪明的人经常不愿意走入泥泞,而泥泞里的人有时又不够聪明。

有趣的是,若你能做到"接受现实","扭曲现实"就会自动发生。因为我们自身就是现实的一部分。改变总是痛苦而艰难的,有时候某些外部的困境或是个人的低谷,能帮助我们激发出自身比想象中更多的真实力量。

当打算改变自己时,我们就已经"扭曲"了这个冷酷的现实。

后记

人生,我必须在场

一段令人不安的旅途，有时是因为前路莫测，有时是因为难舍出发之地。第三个疫情之年的夏末，我即将跨越大洋，开始自己三年中的第六次酒店隔离。

像是欠了作业的学生，我提前数天干各种活儿，锯掉后院大树的枝杈，修剪玫瑰和绣球花，为果树施肥，收好夏日的躺椅，找机会小心翼翼地告诉孩子们，并听他们失望地"啊"一声。

就是在那几天，需要找寻力量的我，重新看了《指环王》三部曲。20年之后，我突然发现，原来此前从未真正看懂这部"外国西游记"。

这一次，我最喜欢的角色是甘道夫。无论多么绝望的情境，只要他出场，你就会安心，就会点燃希望。然而，甘道夫并非以无所不能的角色降临，人们的恐惧没有因他到来而消除，不确定性的迷雾亦未散去。

作为巫师，甘道夫的神奇能力在出场时是以毫无用处的烟花呈现的。他的咒语甚至无法打开一扇石门，他会被击倒，亦会坠入无尽的死亡深渊。甘道夫不像佛罗多那样对魔戒有天生的抵御力，但他洞悉并控制了自己的欲望。

在甘道夫眼里，众生平等。他有各路神仙朋友，和小矮人们在一起时也乐在其中；他骂人类愚蠢，可他自己何尝不是更为愚蠢地与他们一起坚守；他不顾及颜面去争取权势者的支持，遭拒绝后转身就走，绝不心存侥幸；他总是努力寻求局面上最优的那手棋，哪怕那手棋的胜率其实只有 0.1%。

超级英雄往往是孤勇者，而甘道夫不是。他试图团结所有的人，不计前嫌，不计强弱。甘道夫的创造者托尔金亲身经历过最残酷的战争，他领悟到那些平凡的生命才是真正的英雄。他信任他们，愿意将自己的生命托付给他们。

也许甘道夫的力量来自他对使命的信仰。他绝不纠结于"现实如是"，而是义无反顾地致力于"现实应是"。

海德格尔说：可能性高于现实性。可是，接近于零的可能性怎么会大过百分之百的现实性呢？有多少人敢在绝望中逆流而上？责任之重又哪里会比懒洋洋的午后更不令人彷徨？

2021 年盛夏的午后，朋友来家中做客。我们坐在后院，看着成片绽放的玫瑰花，听树墙那一侧邻居男主人舒缓的钢琴声，巨大的雪松投射出摇曳的光影。朋友说："离开这样的花园是需要勇气的。"

"嗯,这个建造于大学校园里的小木屋,以及栽满了40多种果树的庭院,就是我的'夏尔',《指环王》里霍比特人的那个家园。"

人总是会做出一些难以被定义的选择。所谓选择,以及范畴更大一些的"决策",是指面向充满不确定性的未来分配有限的资源。所以,选择,又或是决策,需要智慧、动机和勇气。

U型理论提到了三种做决策的动力:第一个动力是思维,就是大脑;第二个动力是心,是爱的部分;第三个动力是意志,就是我们的双手和行动力。

《指环王》里的三个重要角色似乎正好符合这三种状况。

1. 用大脑来做决策的是甘道夫,他永远保持理性,永远在关键时刻出现,永远去想办法调用各路资源,永远围绕最终目标去思考、去行动。
2. 用心的是主角佛罗多,他最大的天赋就是比所有人更能抵御魔戒的诱惑,他是天选之人。
3. 用行动的是山姆,他是佛罗多的园丁,在选择一起上路时,纯属为了好玩,没有伟大的使命,甚至不知道可能会丧命。山姆一路上都在担心可能再也回不到夏尔,喝不上故乡的啤酒,见不到暗恋的姑娘。

可在最关键的时刻,他是佛罗多最坚定的支持者。他对不可逆的选择有特别朴实的一面。他觉得既然做出了选择,并且这件事是对的,就应该坚持到底。山姆贡献了电影《指环王》里最动人的一段台词:

我知道,这不公平;我们本来就不该来,但是我们来了。

这就像我们听过的精彩故事,歌颂伟大的事迹,充满了黑暗和危险。有时候你不想知道结局,因为怎么可能有快乐的结局?发生这么多可怕的事,这个世界怎么回到从前?

但是最后可怕的阴影终究会消失,就连黑暗也会消失,崭新的一天将会来临,太阳也会散发更明亮的光芒。这才是让人永生难忘、意义非凡的成人故事,纵使你太年轻,不明白为什么。但是我想我明白了,我现在明白了。

这些故事里的主角,有很多机会半途而废,但是他们并没有,他们决定勇往直前,因为他们抱着一种信念。

佛罗多当时正在怀疑自己肩负的使命,他问山姆:"我们抱着什么信念?"山姆答:"这个世上一定存在着某些美好,值得我们为之奋战。"

2022年10月,当我在福州的活动结束后,已经赶不上最后一班火车。那一天,当地的疫情突然蔓延开来,大家都建议我连夜坐车赶往厦门。我想了想，从福州开车到厦门要三个多小时，每年我国车祸死亡人数为5万~10万人，相比而言，自己在高速公路上可能遭遇的风险更大。

于是，我决定留下。这是一个隐蔽而简单的概率计算。可我真的是一个坚定的概率信徒吗？似乎又不是。

我顺利乘高铁回广州。事后福建的同学发来一张图，布满红点的地图上，只剩下一条"绿色通道"，正是从酒店到高铁车站的那一小段。万物万事，是由无数个小概率事件聚合而成的大概率事件吗？

随后一个多月，我独自一人四处奔波，遇到了意料之中和之外的种种状况，反正自己心不在焉，也没什么特别感觉，只是在途中丢了一件TUMI的能折叠成头枕的羽绒服，一件我很喜欢的套头衫，还有一副索尼的头戴降噪耳机。

没错，我曾经无法进入某些城市，曾经在最后一分钟拖着行李突破酒店隔离线，曾经连续被好几个酒店取消入住订单而不知去哪儿。可我的旅途算是不错，我在四处漂泊中遇到了很多有趣的事情。

我从没去过福州，这里和温哥华一样四周是山，傍晚我看见犹如沙漠上的波纹般的晚霞与山上的房子连成一片；我去了成都边上一条漂亮的古街，透明的阳光照在柿子树上，河岸边油润的石板让人想坐下；我在太原机场见到了凌晨5点多的朝霞，从上空俯瞰，发亮的汾河从整个城市蜿蜒而过；我一人喝着奶茶走在夜晚南宁的烟火气中，看滑板少年、短裙女子和成群的摩托车；我在深圳湾的海边看见有只鸟站在水中的石头上足足两个小时；我在上海街头经过一个待拆的弄堂，仿佛听见它在安慰周围那些驱逐了自己的高楼大厦说："别怕，别慌。"

在杭州民宿的清风密雨中，我想起了我的花园，想起了品达的诗句："然而，人的卓越就像葡萄藤那样成长，得到了绿色雨露的滋养，在聪慧而公正的人当中茁壮成长，直达那清澈的蓝天。"

可是，我如果真相信植物般的宁静，相信那种因果分明的命运滋养，又为何会奔赴在与概率不符的征途中？难道上述那些细微而具体的赞美，只是我试图为意义的脆弱性分散注意力？也许无根漂泊才是真相，我其实是在异国他乡以满园的果树来制造幻觉？

在这个不明晰的世界里，我需要意义、概率和温度，还有我眷恋的运气。也许大多数时候，人是先做出选择，然后倒推出何以正确的缘由，最后给予意义上的解释。

运气是人类的一种发明。没有别的动物如此热衷于充满不确定性的小概率事件。运气作为诱饵，将人类牵引至种种不可能的"可能性"。人类的疆域因为有物理定律而不失控，但要靠运气女神的诱导来不断拓展边界。

所谓时代，是指一种令人生长度不足以多扔两次色子的时间长度。我怎能在命运的牌桌边观望，谁的此生不是仅此一次的下注？

那一年的11月，在广西的读者见面会上，一位女士问："从你退休到写'孤独大脑'，再到做'未来春藤'，这中间似乎没有连贯性。是什么驱动了这种选择？"

我答道："变异。"

从生物学的角度看，每个人的出现，都是某种变异；从可能性的角度看，每个人的变异是共同完成一次人类的蒙特卡洛算法，随机性必不可少；从意识的角度看，一旦所有的"果"都在"因"的射程范围之内，便不会有所谓的自由意志。

变异是一个人主动的"偶然性"。这有别于古希腊哲学家们所讨论的"偶然性"。对于后者，纳斯鲍姆写道："尽管人类生活的种种可变性、偶然性使得赞美人性变得大为可疑，但另一方面，从一种尚不明朗的角度来说，又正是这种偶然性才值得赞美。"

而对于主动的"偶然性"，有太多未解之谜，"心、脑、行动"的模型也略显单薄。心会被欲望驱使，脑无法逃离柏拉图洞穴的幻影，而行动则每每迷失于不确定性的泥沼。

一个人来到这个世界的被动偶然性，以及不断追寻自己为何来到这个世界的主动偶然性，与现实世界中变幻莫测的环境偶然性交织在一起。

起初，人们仅仅是因为好玩而上路。《指环王》中的山姆、梅里和皮聘，他们并不是主动选择，就像是喝多了酒随便扔了一次色子，扔到6就上路了。如同《西游记》里的几个角色，除了唐僧是主动选择，其他都是被迫踏上征途。

也许我们每个人都是一只命运的小白鼠，生命本身就是一个单次的扔色子游戏。对于个体而言，最大的价值是做好自己的这只命运的小白鼠。

我并不觉得这是宿命论，所谓"命中注定"不过是游戏的预设。的确，我被扔在这儿了，我处在这样一个外部环境，我无处可逃。可我仍然能像山姆那样想：既然抽中了这个游戏，那就让我玩下去吧。

当然还有一种选择：我对命运色子的结果不满意，我不想玩，留在原地，或者在中途找个地方躲起来。但如此一来，我可能就放弃了人生当中可以扔的最大的色子。

有本讲决策的书大致介绍了一个关于做选择的概念。假如你被迫陷入一个二选一的境地，结果要么是A，要么是B。作者的观念是，对立的不是A和B两种可能性结果，而是选或不选，即选择A和选择B是一种并列的关系，选择A的反面不是选择B，而是不做选择，也就是你放弃选择的权利。

我们固然不能因为非选不可而作恶，也可以在类似于投资的决策场景中聪明地选择什么都不做。可是在命运可能性的议题上，对"变异"的偶然性的主动参与，也许会令人无法做一个理性的决策者。

所谓理性的决策者，就是计算可能性的概率与回报，计算期望值，计算风险，然后像机器一样冷静地选择最优解。在概率计算的层面，我似乎很擅长；可在面临"变异"的可能性时，我依然会放弃那些"最优选项"。

每个相信自我的"变异"属性的人，在心底都相信自己就是"天选之人"，尽管他们对此毫无觉察，又或是犹豫不决。而正因这种脆弱，那些被赋予了美德的"变异"才令人信服。

我更相信那个犹豫不决的人，比起坚定的人；我相信被欲望驱使的凡人，胜过令选择失去悬念的圣徒。我相信78%，胜过100%；尽管比起80%，78%略逊一筹。我相信不确定性胜过确定性，因为确定性已经在发生当中失去，而不确定性蠢蠢欲动，即将发生或不发生。

我厌恶躲在偶然性背后的恶魔，我担心它伤害我在意的人。哪怕我不能抵御好奇心的驱动，也会构筑好堡垒之后才独自出发。即使我承认"有些人类价值只是在采取冒险行为的情况下才对人类开放"，也无法因此而让在意我的人受到牵连。

对这样一个纠结的人而言，如何做出那些因果纠缠变量交织的决策呢？所谓追求"变异"的价值，是否不过是自圆其说的解释呢？到目前为止，我的"自我官方解释"是，就理性的层面而言，自我必须生存，必须追求确定性的空间，必须身在其中，尽其责任，完成其任务，计算好曝光值，懂得讨好和拒绝，在适当的时候有武力可供炫耀；就感性的层面而言，自我是命运的体验。偶然性不是敌人，而是剧情张力的源泉。"变异"是票房的保障，选择的关键不是对错，而是最多可能性的测试。淋漓尽致比滴水不漏更值得称道。

理性保护感性，感性驱动理性。这似乎构成了一个人的自我分裂。可如赫拉克利特所说："他们并不理解，正是自身内在的差异，它才与自身保持一致—— 一种向后延伸的和谐，正如一张弓或者一把七弦琴的和谐……"

这种张力还扩张至时间的领域，预测、发生与回忆是同时发生的。从小就心不在焉的我大部分时间都在演练这种生存与体验的同步性，即使自己很早就意识到可能因此而失去某些东西。可我的人生因此而有了情节之外的变异性和连贯性，像是大海边无声的钢琴旋律。

2022年初冬，我收到了一个小女孩的棒棒糖，麦芽糖混合着焦糖味儿。我如她这般大时，最喜欢这种味道。当时我刚完成一场演讲，然后签了两个多小时的名。我见了很多人，说了很多话，写了很多字，这时候吃到焦糖味儿的棒棒糖，再好不过了。

两个月的马不停蹄，并非很容易的事。再加上另外一些不容易，自己经常被问："你为何如此？"和演化的生物一样，人的个体价值和"成败"要靠环境的选择来事后定义。换而言之，一个人很难知道自己对这个世界的价值点在哪儿，也无法预测自己将因为做了哪件事而被评价，以及被怎样评价。

所以，人类个体只能追求意义和变异。意义是指如何令自己活得不像一只昆虫；变异是指造物主（假如有……若没有，则可以理解为是意义的旁观者）让你来到世上，不是让你去复制另外一个样本。在意义的前提下，尽可能令自身的"变异"最大化，也许能将个体卑微的命运与宏大的宇宙关联起来。

我猜想造物主会以一种二元的视角观看众生。一方面他会运用统计学，将芸芸众生视为无数个样本。物种的演化，仿佛抱作一团渡河的食人蚁，不断有个体掉落，但最终蚁群抵达彼岸。统计学残忍而冷酷，因为我们无法说让一个人70%活，而可以说让一群蚂蚁70%活。可概率就是这个不确定世界的风帆，它有时用于描述不确定性，有时用于描述多余之物，但几乎在所有的时候，概率都只在描述一件事——希望。

有趣的是，希望从来都只是一个个体词语。也许希望可以用概率来描述其可能性的大小，却只有通过懂得恐惧和绝望的生命个体才能被感知到。

所以另一方面，我猜想造物主在运用统计学的同时，仍然会关注每一个个体。因为从技术的角度看，缺乏个体变异的群体无法在统计学层面实现演化；从生命的角度看，只有个体的感知可以令生命在宇宙层面得以确认，哪怕这种确认只是造物主设计出来的某种幻觉。

所以，我的正处于确认过程中的人生观是：一方面，我要让自己成为某个概率游戏中的幸存者，努力生存到最后，遍历一整个时代；另一方面，我试图追求蚁群以外的某种变异。我知道其中的风险和代价，也不确认这种变异的价值，但我知道什么都不做才是最大的风险，因为对个体而言最大的成本是机会成本，也就是仅此一次的"此生为我"。

与造物主的二元方法论类似，我试图追求的变异性不得不发生于一个概率化的世界里。也许一切都将成为徒劳，犹如落入江河的秋叶。美好未必被赞美，邪恶也从没被清算，毕竟统计学要的是模糊的精确，而非个体的最终命运的公平。

这种二元性并非对立。个体的变异性服务于群体的统计学，群体的概率保护令个体得以延续。于是，这个不确定的世界，与人类苦心追求的确定性，并非天堑两侧，而是类似于园丁和玫瑰花之间的互相养育，小王子和狐狸之间的彼此驯服。

纳斯鲍姆说过："成为一个好的人就是要有一种对于世界的开放性，一种信任自己难以控制的无常事物的能力。"

她说的"好的人"，用的是"good human being"，看起来这像是将宏大意义上的人和个体意义上的人整合在了一起。在《善的脆弱性》的导读里，导读者认为纳斯鲍姆想表达的是一个勇敢面对自己作为人类存在者的真实处境,不断追求人类所特有的价值的人。

这种描述让我略感放心。这个对好人的定义更加宽容。不像康德所说的具有"好的意志"的道德行动者,那个标准太高。毕竟我慵懒,心不在焉,缺乏自制力,很多时候随波逐流,也极少仰望星空。

仿佛加缪的"自杀心理实验",纳斯鲍姆也设计了一个二选一的硬币游戏:要么为了摆脱运气的左右,去过一种单调乏味的生活,要么为了追求一种繁盛的生活而不得不面对运气。你会选择哪一个呢?

她的结论是:若不首先承认人类生活的脆弱性,人类生活中好的东西自然就得不到充分体现。

当然,现实是有灰度的。在如上的选择题中,我的答案是:80%的前者,外加20%的后者。这也是我对本章开头那个问题的回答。

那年那不充裕的夜晚之中的一个,朋友们聊起如何面对未来十年。我赞成一个朋友的朋友的答案:"我必须在场。"

也许某些理性计算支持将适当躺平作为最佳选择,时间长短不等。但倘若真的完全躺平,则是件很傻的事情。因为我们这辈子最大的机会成本就是来到这个世界。你要做的不是权衡A或B的优劣,而是永不放弃抛出硬币的权利。

然而,"此生来都来了,干脆游戏一场",不是令我信服的答案,亦不能给予我们足够的勇气。

我更喜欢纳斯鲍姆如下的文字,包含了此前引用过的那一句。

成为一个好的人就是要有一种对于世界的开放性,一种信任自己难以控制的无常事物的能力,尽管那些事物会使得你在格外极端的环境中被击得粉碎,而陷入那种环境还不是你自己的过错。如下说法都表达了一些关于伦理生活的人类条件的重要看法:这种生活的根基就在于信任变幻不定的事物,就在于愿意被暴露在世界中,就在于更像一株植物(一种极为脆弱但其独特之美又与其脆弱性不可分离的东西),而不是一颗宝石。

在广袤无际的平原上,甘道夫孤身一人,白袍,白马,迎着死神般的戒灵,迎着无路可逃的战士们。他逆流而上,举起手中的木杖,万丈光芒刹那间照亮了黑暗的世界,恶龙被驱逐,人们被拯救。

可甘道夫深知,只有人类自己才是自己的拯救者。他做不到力挽狂澜,短兵相接时他的剑每次也只能劈倒一个半兽人,他亦无法凭一己之力抵挡城池的沦陷。他唯一能做的,是让自己在场,于人们绝望之际挺身而出。

当哨笛的音乐声再次响起,人们终究会回到地肥水美的夏尔。就像艾略特说的："我们探险的全部目的，就是要到达我们出发的地方，首次去认识那个地方。"

那里遍地花果，生活中满是啤酒、烟斗和无尽的狂欢。"白兰地河，袋底洞，甘道夫的焰火，派对里树上挂的彩灯……"无忧无虑的人们忘记了时光，在舞蹈中等待着一个人的到来。他赶着马车，盛满烟花，即将点亮整个星空。

好运清单

1 幸福生活的好运清单

一、好运的本质，是远离厄运

亚里士多德说过："理性的人寻求的不是快乐，而只是没有痛苦。"叔本华将这句话视为人生智慧的首要律条，他认为其真理在于："所有的快乐，其本质都是否定的，而痛苦的本质却是肯定的。"当一个人到了某个年龄之后，多多稍稍能够理解这一点。

二、好运藏在生活的点滴之中

爱比克泰德把道德观念推进到一个新的境界，它简单、平凡，表现于人们每天的行为举止。他推崇始终如一地怀着一颗圣洁之心，踏踏实实地提高道德修养，而不赞成标新立异、惹人注目或华而不实地行善。他为收获美好人生开出的处方围绕以下三个要点：克制欲望，履行义务，学会清楚地考虑自己，以及自己在人类这个大群体中的各种关系。

三、进击的好运

从概率的角度看，守株待兔撞到好运的概率，远低于主动出击撞到好运的概率。当然，主动出击有很多种形式，例如，蜘蛛看起来是被动等待，但却是主动织好了一张巨大的网。蜘蛛网作为一种静态的"进击"，令蜘蛛捕获好运的概率大幅提升。

四、静听好运的脚步声

在这个喧嚣的世界里，如果不静下心来，你只能听见噪声。好运的脚步轻盈而迷离，只有少数倾听者才能感觉到。也许是在某个夜里，你忘却了白日的烦扰，与孤独的自己相处，脑海中突然涌现一片火花，于是你听见了好运的脚步声。

五、立即去享受你的好运

我说的不是及时行乐，而是那些简单、朴实的事情。例如，和自己喜欢的人去吃一顿美食，或者带着自己的父母去参加一次他们舍不得花钱的旅行。这类小小的、触手可及的、你可以把握的好运，请务必立即去做。人生的悲剧莫过于拼命努力，将小小的好运攒起来。别拖延着不去生活，别梦想着彼岸有一座完美的花园，一切从现在开始。

六、好运需要做减法

这一条似乎有点儿奇怪，谁会嫌好运多呢？做减法，甚至做除法，指的是我们应该减少必须依赖的好运的数量。就像苏格拉底在看到售卖的奢侈物品时，说道："我不需要的东西可真不少啊！"和奥卡姆剃刀原理一样，你所依赖的好运的数量越少，你越能够凭借那些关键的好运，过上幸福的生活。

七、从"占有好运"到"拥有好运"

简而言之，我们希望能够获得好运，然后享受好运。然而，很多幸运儿却只专注于第一步，"占有"了好运，却从未真正拥有。更厉害的高手未必拥有最好的运气，却能够把看似寻常的命运之牌变成最好的享受，比如苏东坡。

八、焦虑的好运

幸福生活并不意味着摈弃焦虑，不是因为不可以，而是因为不能。克尔凯郭尔说："如果人是野兽或天使，那么他就不能感受到焦虑，正因为他是两者的结合体，所以他才能够焦虑。"既然如此，我们不必为焦虑忧心，只要别因为焦虑而焦虑就好了。既然不能做到"喝咖啡的时候不焦虑"，那就试试"焦虑的时候也能安心喝一杯咖啡"。我猜好运不喜欢焦虑，但喜欢咖啡。

九、感恩的好运

想想看,假如你是幸运女神,你喜欢和谁在一起?一定是那些喜悦、感恩、快乐的人。

十、好运也许来自外部,但只能从内部被感知

尚福尔说:"幸福不是一件容易的事,它很难求之于自身,但要想在别处得到也不可能。"幸福不仅是好运的目的,有时候也是好运本身。

2 赚钱的好运清单

一、好运皆有价

天下没有免费的午餐，好运也是。财富的来源大概有三种，一是靠努力、专业，二是靠运气，三是靠努力和运气形成了正反馈循环。但无论哪一种，都有付出，有代价。尤其是第二种，单纯靠运气获得的财富，稍不留意就会凭实力丢掉。聪明的做法是，即使财富的获得相当比例是因为专业和努力，也可以谦逊地视之为靠运气，这样会安全很多。

二、财运不是"赌运"

赌运不会长久，永远不要去赌。凡是用钱去赚钱的事情，只有小概率会赢。所以，当一个赚钱的好运来到面前时，首先要想的不是赚钱，而是不亏钱。事实上，在投资这些高风险领域，行为结果与个人的能力没有必然的联系。那些赢家大多是"幸运的傻瓜"而已。即使你觉得把握非常大，也应该这样思考："如果这笔钱亏光了，我是否还睡得着？"如果答案是"否",

那就和这个看上去的好运说"不"。

三、"财务自由,提早退休"的梦想

"FIRE"(Financial Independence, Retire Early),即"财务自由,提早退休",是一个起源于美国的理财运动,主张通过降低物欲和过极简生活来积攒足够的资金,其核心法则是积累相当于一年生活费 25 倍的储蓄。这个数字的依据是广为流传的"4% 财务自由法则",即通过投资储蓄的资产并依靠每年大约 4% 的投资收益来维持生活,同时还能跑赢通货膨胀。不过,跑赢通胀太不简单了。

四、让生活的现金流为正

请记住一个公式:你的资产 × 年化收益率 − 每年支出 > 0。这个公式强调了资产、年化收益率和年支出三者之间的相互依赖和平衡。量入为出,做好预算,按照收入比例强制自己存下钱,减少不必要的支出。

五、超线性的机会,线性的努力

有一句充满争议的俗语:人无横财不肥。从科学、理性的角度看,所谓"横财",是指那种超线性的回报。"线性回报"则是指付出和回报成正比。超线性回报,也是所谓的指数级回报,但是其背后,必须由线性的努力支撑。

六、没有神剑

查理·芒格说：知道复利的威力，以及获取它的难度，是理解许多事情的核心。的确，复利很厉害，但是在现实中极其罕见，尤其是在财富领域。为什么？因为不确定性。传统的复利计算，基于一种确定性、连续性假设。这在现实中极其罕见。我们的传统里，一直有种追寻秘籍的偏好，但这种秘籍又不是科学研究里的物理定律或分子结构。然而，天下没有神剑。因为你若能找到并学会，别人也能，神剑就不神了。路边低垂而不酸的李子，会很快被摘光。

七、个体在金融领域的投资基本靠运气

个体不适合买卖股票，更别碰商品期货等金融衍生品。说来说去，个人能做的似乎就是"指数基金定投"，可A股指数和男足一样不争气……其实，哪怕是定存也好过绝大多数投资。和钱有关的一切投资（有些投资是指你投入精力、时间和资源），你闭着眼睛说"不"，90%的情况下都是对的。

八、一切皆是价值投资

除了价值投资，没有什么被"证实"所谓投资流派。

那些偶然的赚钱传说，都有普通人难以企及的外部条件与内部条件。然而，因为巴菲特的理论亏钱的人，应该比因之而赚钱的人多。人们总说"大道至简"，可是越简单也就越抽象，反而会更难。一切都是价值投资，不是说要学习巴菲特，而是指回归本源，当你创造了价值，就会获得回报。与其盯着能赚多少钱，不如专注于为他人和社会创造价值。

九、人追钱难，钱追人容易

到头来，还是要降低期望值。努力做好手头的事情，勤奋，学习，重复，争取在某个点上形成自己的独特优势。一旦有机会击穿，就可能带来"超线性回报"。这类机会抓住一两个就够了。但是，这类机会在财务上的回报，往往只是结果。各种财务自由的愿望，都不该作为一种金钱目标。

十、赚钱的目的是享受生活

如果财富不能带来幸福生活，就谈不上好运了。实实在在做人，做好分内的事，保持好奇心，在探索中获得乐趣，向那些有趣的人学习有趣的思想和行为，为自己的人生设定一个目标，这个目标应该超越金钱。如此一来，财富的好运，作为副产品，更容易悄悄来到你的身边。

3 爱情的好运清单

一、爱情好运的谎言

人类善于骗自己，有时更会集体自我欺骗，这类倾向在"爱情"主题上达到了巅峰。一代又一代人，明明吃到了又酸又苦的李子，偏偏要假装很甜的样子，对后来的年轻人真诚地说："真甜啊。"因为这种奇怪的动机，人类对爱情的定义最为混乱，进而令爱情的好运犹如谜团。

二、婚姻好运的秘密

尼采说："不幸的婚姻，往往不是因为缺爱情，而是缺友谊。"这句话又丧又狠，专治各种反智的浪漫和鸡汤，又不是那种论斤论两的现实婚姻观。所以，年轻人，当你爱上一个人，打算和其步入婚姻殿堂，问自己一个尼采式的问题：我能和对方做一辈子的姐们儿（哥们儿）吗？

三、婚姻有时是接力赛

中国孩子,尤其是乖孩子,在青春期时只顾读书,没有完成性启蒙。于是相当比例的年轻人混淆了性、恋爱和婚姻,认为三者必须在一个人身上实现,而且还要一锤定音。请记住张爱玲的话:人生就像一场舞会,教会你最初舞步的人却未必能陪你跳到散场。

四、不是"完美的一对",而是"完美的互补"

好运的婚姻关键在于互补,并能够享受彼此的差异。最好是在对方擅长的地方当"白痴",并且当一辈子。我曾经听一位大哥吐槽,中国式婚姻糟糕的地方是:男人不够男人,女人不像女人。双方凑在一起,不是互相补短板,而是抢对方原本就不长的长板。

五、完美的婚姻是双方都暗暗觉得自己占了便宜

当然,这类便宜往往和世俗的财富和名利无关,而是那些更宝贵的品性,例如,善良、正直、乐观。这类令对方感觉占了便宜的品性,往往与原生家庭密切关联。

六、完全付出的好运

婚姻设置了一种完美的机制,令自私的人类可以与自

己以外的人共建一座花园,并共同安全付出。全心全意付出,绝非当事人的风险,更是一种享受。《罗密欧与朱丽叶》里说:"我的慷慨如海洋般无边。我的爱深沉。我给予你的越多,我拥有的也越多,因为两者都是无穷的。"

七、爱情的好运需要经营

这可能是好运之中最长久的类型。有种说法是:"婚姻"是个动词,而非名词。就好像说运气是一种"气体",而非"固体"。所以婚姻不是你拥有的东西,而是你持续的行为。

八、无条件"屈服"是幸福的秘密

没有冲突的爱情和婚姻是不可想象的。一旦争输赢,就全是输家。我的有限经验是,有一天你会明白:无条件"屈服",能够实现一种躺平式的幸福。我还看过一个高级版的经验,丈夫遇到老婆不开心,会问:"你是要我给建议,还是给安慰?"

九、如水,而非如酒。长久的陪伴,犹如生长的生物

一见倾心和长相厮守一旦可以兼容,就会成就一段好姻缘。而长相厮守的关键是"不厌倦"。钱锺书说得好,

旅行最能考验一个人，所以蜜月旅行应该在结婚之前，而非之后。

十、千里姻缘一线牵

没有比桃花运更能体现概率神奇的好运了。相当比例的爱情和婚姻都是极其偶然的，一念之差可能就会令你和爱人此生都不会相逢。所以，想要获得姻缘好运，需要扩大你的基础好运，多和有趣的人交往，对真爱的类型保持开放。

4 职场发展的好运清单

一、像老板一样工作，吸引好运

承担起领导者的角色，即使你不是真正的老板。展现决策力和责任感不仅能提升你的职场地位，还能吸引更多的好运和机遇。我从未见过一个像老板一样工作的人最后没能出人头地。

二、实施和交付是好运的基石

人们经常会高估想法的价值。关于职场的吐槽，可能排在首位的就是怀才不遇，自己的主意绝妙，偏偏没一个识货的。谷歌创始人谢尔盖·布林说："提出一个想法是创造伟大的过程中最不重要的部分。需要有正确的想法和眼光，但实施和交付才是成功的关键。"

三、勤奋工作，招来好运

的确，勤奋比崇拜更能吸引幸运女神的青睐。在工作中，坚持不懈努力将为你带来意想不到的好运。

四、提防权力的游戏

在职场上，权力的游戏，有时候和真理一样，是赤裸裸的。但我不觉得，人生需要依赖这种真理。然而，以我的人生经历看，假如你想从物理意义上远离这种达尔文主义的弱肉强食，必须在生存哲学上直面这种智慧。

五、在平凡工作中抓住好运

平凡的人，可以在平凡的工作中，实现不平凡的成就。爱迪生透露过这个秘密："机会被大多数人错过了，因为它穿着工装，看上去像一件工作。"

六、创新思维带来好运

创新不仅是职业发展的驱动力，也是好运的催化剂。敢于尝试新思维和新方法，将为你的职业生涯带来意想不到的好运。在职场中，持续学习和提升自己是不可或缺的。掌握新技能和知识不仅能提高你的市场价值，还能增加遇见好运的机会。对知识的渴望和学习的态度，会带你走向更多未知、充满机遇的领域。

七、自我肯定，创造好运

如作家露易丝·海所言，自我肯定能够超越现实，创造未来。在职场中，坚定自信不仅是成功的关键，也是吸引好运的法宝。

八、追逐工资以外的意义

工作很辛苦，工作日显得很漫长，职场的前途未必明朗。对于很多人来说，工作就是混日子，就是受罪。《眨眼之间：不假思索的决断力》里提及，只有当工作没有意义时，辛勤工作才如同在服刑，但若这工作有了意义，辛勤工作就会让你如同怀抱爱侣翩翩起舞。

九、提升自己的领导力与影响力

很多年轻人会因为资历浅，而看不到职场的希望。然而，对于胸有大志者，起点是不分高低的。即使你只是新员工，也可以提升自己的领导力。影响力更是当今这个社会个人最有竞争力的要素之一。坦率地说，现在职场竞争越来越激烈，但是有领导力和影响力的年轻人依旧那么稀缺。

十、建立人际网络，开启好运之门

强大的人际关系网络是职场成功的关键。良好的人脉不仅能提供支持和资源，也是吸引好运的重要途径。通过积极的社交和真诚的互动，你可以为自己创造更多意想不到的机遇。

5 创业者的好运清单

一、和对的人在一起,把对的事情做对

没什么比和对的人在一起更重要的事情了。对的人在一起,即使做错了事,也会改过来;而不对的人在一起,再好的事情也会搞砸。在人这件事情上,永远不要妥协,永远不要心存侥幸。那么,什么是对的人?一项调研发现,《财富》世界 500 强企业那些成功 CEO 的特质,首先是诚信、正直。可见,人品相当重要。

二、好运小时候很弱小

每个伟大的开始,都可能是微弱的。保罗·格雷厄姆曾经写道,在创业界,有个原则叫"do things that don't scale"(做无法大规模复制的事)。这看起来似乎很奇怪,难道我们不是要追求可以大规模复制的机遇吗?一个有趣的事情是,起初你越不在意规模,越能将一件很微小的事做好,就越有机会实现规模效应。比方说,如果你对你最初的一小群客户投入了大量的注意力,就有机会通过口口相传开启指数级增长。

三、从已有的"好运"出发

你手上有什么，就先用什么。伟大目标需要逐步实现，沿途的垫脚石是不分大小的，并且经常是由小及大。阿尔伯特·哈伯德说："天才就是这样的人，他用命运给的柠檬摆一个卖柠檬水的小摊。"所以，重点不是你手上有什么，而是你想去那里，并且立即行动，从抄起离你最近的工具开始。

四、好运不喜欢"拥挤"

充分的竞争会令参与者最终都没有利润。超越竞争意味着你要找到自己独特的位置。当然，前提依然是去鱼多的地方钓鱼，而非为了独特而去人烟稀少的地方。但你要在一个有优势的地方，布好自己的钓竿。我喜欢的说法是，将陈词滥调做出新意。简而言之，不管做什么工作，尽好本分，做好你自己，张开双臂，自由飞翔，如此更容易拥抱好运。

五、幸运女神总是一对一出现

我几乎没见过没有独立自我的人能够在创业上有所成就，即使有，也不长久。对于机会，你要独立思考，多想想它和自己的能力圈有何关联。你应该坦诚地与幸运女神面对，真实，自信，不因卑微而汗颜，亦不必掩饰自己的梦想和野心。创业要么是为了谋生，要么是为了解决某个你看不下去的问题。专注于你的事情，一件事情一件事情做好，有一天不经意回头，你可能会看见幸运女神。

六、关注现金流、成本和利润

一个创业者要花很长时间才能理解现金流的重要性，如果他能够坚持到那一天。没坚持下去的创业者，要么是因为没有现金流，要么是不懂成本。德鲁克说过，对于经营者而言，在内部几乎只有"成本"这一个关键词。可惜，尤其是读书人创业，经常会忽略成本。因为聪明人总觉得自己可以不用那么抠，然而，创业者不得不如此。关于利润，松下幸之助讲过，企业不盈利就是罪恶，但是企业的目的不是盈利。可是，没有盈利又谈何目的呢？

七、追求指数级好运

在创业的发展阶段，你要关注的不是绝对的大小，而是增长率，如此一来，你就有机会实现指数级增长。事实上，有些时候思考将一件事情做到十倍好，要比做到一倍半好更"容易"。指数级增长带来的复利效应，哪怕只持续一个小周期，也会带来惊人的回报。对一个人而言，一生抓住一个指数级增长的机会，就已经足够了。

八、先发散，后聚焦

这里谈到是精益创业的框架。创业者最初的想法，绝大部分后来都变了。如果一开始就聚焦、死磕，可能会出问题。最好是快速做出一个最小可用产品，然后试错、进化、验证价值。只有在完成这个阶段之后，才谈得上聚焦，并且上量，在单点击穿。

九、成为天才创业者

哲学家埃里克·霍弗曾经写道："人们总说，天才总给自己创造机会。可有的时候，这些人内心强烈的渴望不仅给他们创造了机会，也创造了他们的天才。"所以，真的有天才吗？事实上，那些天才未必比你更聪明。一些人通过"夸大"自己的好运，由此获得了更多的好运。

十、幸运女神钟爱开心的创业者

创业是艰难的。绝大多数时候你都会痛苦，并且怀疑自己，怀疑为何选择这样一条道路。显然，创业者无法靠忍耐和悲壮前行。我们必须意识到，疲劳不是因为创业本身十分艰辛，而是因为不确定性和恐惧感。在我看来，创业其实是一种加强版的人生，在这里，一切悲喜都被放大了。幸运女神可能因此而给奋斗者更大的奖励。尽情打拼吧，了不起的创业者。

6 社交和沟通的好运清单

一、人际关系的质量是好运的秘密

哈佛大学做了一次跨越 85 年的实验，想要研究一件事：到底是什么因素能给人的一生带来最多的幸福感，并且会影响人的健康与长寿？研究结论是什么？"最重要的那个幸福因子，居然既非金钱，也非名誉，更不是成就与权力，而是为每个人所熟悉的人际关系的质量。"结论虽很鸡汤，却是真实的鸡汤。

二、和有好运的人交往

好运的人也会给身边的人带来好运。多和那些积极向上、乐观前行的人在交流。但是，对于这一条，我尤其要提醒的是，小心那些把自己包装成"好运不断"的人。这是自我神化的一种隐蔽形式。他们假装自己总在走好运，然后暗示你将自己手上的筹码交给他，甚至会偷走原本属于你的好运。所以，切记，实现好运必须基于独立人格，要进行独立思考，并独立行动。

三、成为有好运的人

和他人交往时，首先多想想怎么给别人带来好运。富兰克林说得好，要多讲利益，少讲道理。这可不是什么丢人的事情。卡耐基说得更直接："世界上唯一能影响他人的方法，就是谈论他所要的，而且还要告诉他，如何才能得到他所要的。"

四、好运不在乎谁的口才好

社交的小部分目的是表达，并且只限于你的密友。在大多数社交场合，你的目的是倾听、收获，以便于你做好手头的事。但太多人一心想要表达自己的观点，想要证明自己很渊博。说实话，谁在乎呢？除了一点儿廉价的自我满足，你什么都收获不到。好运并不青睐喋喋不休的人。

五、强大而真诚

我身边有个这样的好运之人。她的生日会上有十个朋友，我问："你们这么热闹，还发朋友圈，那些没被邀请的人看到了心里会不会不舒服？"她回答："那他们是不是应该反思一下和我的关系？"当然，前提是她对所有的朋友都是真诚的。社交关系应该是平等的，内心不独立的人很难实现这种平等。进而，对别人好，既不是义务，也不是目的，而是一种快乐。

六、学会说"不",不去取悦

处心积虑取悦他人是危险的误区。如果竭力取悦他人,我们就会发现自己会被误导,进入我们影响不了的领域。这样做,我们就会因不再坚持而失去自己的生活目标。

七、远离走霉运的人

犹太人有一种很"残忍"的习惯,他们会远离那些走霉运的人。这看起来既迷信,又不厚道。其实,你如果仔细观察那些总在走霉运的人,就会发现他们有一种拒绝好运的体质。我见过几位类似的人,他们总在说自己差一点儿就做成了特别了不起的事情。起初,我也替他们遗憾,但是过了好几年,他们还在说类似的话,说自己又差一点儿做成了新的了不起的事情。如果我是幸运女神,见到他们,也会绕道走。

八、减少核心朋友圈,扩大多元社交圈

一个人可以长期保持友谊的朋友,一定不多,有几个或十几个,就足够了。人生在世,核心朋友圈是一个做减法的过程。其实,对外还是要保持开放性和多元性,有些浅关系,因为基数大、多元化,反而会给你带来意外的好运。

九、对朋友宽容、友善、感恩

对于好朋友,记得倾听、关爱、问候。卡耐基说:"感恩是极有教养的产物,你不可能从一般人身上得到,忘记或不会感谢乃是人的天性。"好朋友是这个冷漠世界的晨光,是寒冷夜晚的炉火。

十、幸福就是活在当下,和他人共享好运

《美好生活》一书总结了哈佛大学那个持续了85年的实验:"美好生活是一种复杂的生活;它是快乐的,且极富挑战性;它充满爱,但也伴有痛苦;它永远不会有严格意义上的'发生'。相反,它是一个过程,它包括动荡与平静、轻松与负担、挣扎与成就、挫折与跃进,以及重创。"归根结底,"美好生活是在一个赋予我们生命意义和美好的关系网中得以维持的"。

7　逆境中的好运清单

一、绝处逢生的好运

好的创业者一定是哲学家，而哲学家必须思考"绝望"这一主题。真正有价值的东西，往往是榨取出来的。有些人天生善于榨取自己，而有些人则要被逼到最后一刻才呈现自己的才华，犹如孙悟空要被扔进八卦炉才能炼出火眼金睛。进而，克尔凯郭尔所指的绝望，是指追求人之"存在"时所产生的灵魂体验。人因追求自身的"存在"而产生绝望，也在绝望感中感受到自身的"存在"。

二、好运喜欢负责任的人

想象一下，好运落在某处，一定是一个有担当的所在。个人迈向成熟的第一步应该是敢于承担责任。所以，在逆境中想转运，首先不要指责他人，也别拼命自我批评，这其实是怨天尤人的一种。那些不愿意放过别人的人，也很不容易放过自己。承担责任，不是无休止地自我批评，而是承担一切，不多解释，抖一下身上的泥土，继续前行。

三、其实一切没有那么糟

人是厌恶损失的。作家米扬·麦克劳林调侃道："失去的任何东西，其价值自动翻倍。"这个数值还真是行为经济学家研究的结果。所以，你感受到的糟糕的事情，不妨打个五折或者三折。据说，有个方法论能消除90%的忧虑：（1）写出你所担心的事情究竟是什么；（2）针对所担心的事情，你下一步将会怎么做；（3）选择并做出最终决定；（4）把决定付诸实践。

四、放弃四处找救命稻草

一个人掉进沼泽里，会本能地挣扎，结果越陷越深。身处逆境，人们也会有一种本能反应，那就是四处找寻救命稻草。这可能是绝望的另外一种表现形式。逆境不是绝境，但人们只有在被逼到绝境的时候，才会真正面对问题。所以，安静下来，别继续挣扎，而是学会思考。而这一切，必须基于回归自我，放弃从别人那里拿到救命稻草。

五、找到你该做的最重要的那件事

逆境最大的伤害是，它会遮住你的双眼。这时，你应继续像初恋一样兴奋，像大师一样思考，像赢家一样行动。如果你做的事情不对，那就改变方向；如果你认为自己的目标仍然值得为之奋斗，就随机应变。你要聚焦在关键的问题上，忘却那些噪声。《教父》里有一句话："开车躲避每一个小坑洼的人，不会是一个好司机。"

六、学会在压力下起舞

其实，现代人的压力大多是自找的。因为我们的恐惧感大多来自丛林时代，那时候真的可能一不小心就会被猛兽吃掉。压力和困难一样，都像弹簧，你弱它强。你强，弹簧就会存储反弹的能量。

七、准备迎接好运

剑桥大学动物病理学教授贝弗里奇说："人们最出色的工作往往是在处于逆境的情况下做出的。思想上的压力，甚至肉体上的痛苦都可能成为精神上的兴奋剂。"压力也许是一种进化的结果，对于积极向上的人而言，压力造成的紧迫感，具有神奇的驱动力量。在逆境中，请你深吸一口气，感知一下幸运女神在你耳边说的话。也许其中，有你此生最大的灵感。

八、再坚持一会儿

虽然区分一件事情是否值得坚持至关重要，但是坦率地说，谁知道呢？那些成功者真的是认为自己的坚持有意义，才硬扛到底的吗？我看未必。没有谁能够预知自己的未来。理论上，你如果不能比普通人多坚持 100%，就没道理多获得 10% 的收益。至少开始的时候是这样的。一旦突破某个临界点，你就有可能倒过来，多付出 10%，却可以获得 10 倍的好运。古罗马诗人奥维德说："忍耐和坚持虽是痛苦的事情，但却能渐渐地为你带来好处。"

九、试着做别人的好运之星

人人都有困难的时候，尽自己的力量帮别人一把。很多人足够聪明，也足够努力，只是运气稍微差一些而已。

十、诸事都是客观而超然的

这个古老的观点，也许是我们理解好运的终极智慧。我想这并不是虚无主义，而是一种人生态度：既能勇往直前，又心如止水。爱比克泰德认为：有德之人不过是养成良好习惯，每碰到一个问题都问自己"什么是现在要做的正事"，并由此获得安宁的人。如此一来，人生处处如是，何来顺境、逆境之分？